U0025259

天下文化

BELIEVE IN READING

THE HEART OF BUSINESS

LEADERSHIP PRINCIPLES FOR THE NEXT ERA OF CAPITALISM

企業初心

未來企業的新領導準則

百思買(Best Buy)前董事長暨執行長

修伯特・喬利 Hubert Joly

卡蘿蘭・藍柏特 Caroline Lambert——著

劉復苓——譯

目次

獻給　荷頓蘇

推薦序

穿越週期的長青之道

楊元慶
聯想集團董事長

作為一名職業經理人，修伯特・喬利以擅長扭轉不利局面而知名。當傳統電子零售巨頭百思買因網路電商崛起造成的衝擊而式微時，修伯特臨危受命，接受挑戰，成為幫助這家公司力挽狂瀾的領導者。雖然此前沒有零售業工作背景，但他憑藉自己的管理能力，在八年的時間裡，成功帶領百思買轉虧為盈，實現轉型。這一轉型是商業管理的一個經典範例。

在這本書裡，修伯特總結自己帶領百思買扭轉乾坤的管理經驗與感悟。不同於傳統的商業管理圖書，他並沒有落入講述自己如何判斷產業趨勢、制訂轉型戰略、高效推動執行、用財務數據證明轉型成功的敘事窠臼。因此，他對管理本質的思考更加深刻，而這種深刻是超越產業，甚至是超越商業的。

作者告訴我們，企業的本質是一家有使命的組織，而組織的每一個成員都擁有鮮活、獨特、有溫度的人格。因此，只有將使命和人置於組織的核心，才是實現財務業績和長遠發展的根本。

因此，經營好企業，關鍵要帶領團隊制訂正確而遠大的目標，找到比賺取利潤更崇高的使命，還要以人為本，從「人」這個核心要素出發，釋放「人」的最大能量。這種對管理學的思考，具有深厚的哲理意義和人文主義色彩。能真正做到這一點，堪稱管理者的至高境界。

修伯特的感悟也讓我回想起在聯想的國際化進程中，我們在跨國併購整合時遇到的管理困境。最終，我們同樣以理解和尊重文化差異、構建以人為本的企業文化作為切入點，成功實現業務整合和轉虧為盈。因此，修伯特在這本書中的很多思考與闡述，也讓我深感共鳴。

企業在成長和發展過程中，難免經歷起起伏伏。每一位領導者和管理者，都在尋求帶領企業化危機為轉機、穿越週期的常青之道。

作為一本管理指南，這本書不是在講述某種「武功」招數和管理套路，而是在向管理者分享「內功心法」。只有內功深厚，才能行穩致遠。如果你想提升自己的管理思維和管理能力，無論身處何種行業，你都能從這本書中獲得智慧的啟迪和具有實務性的指引。

各界好評

「《企業初心》勢必成為這個時代最重要的商管書籍之一。喬利分享他獲致成功、淺顯易懂卻精闢深入的見解，是所有領導者和企業的絕佳指南，協助我們在資本主義新時代下快速轉型，為所有利害關係人服務。」

——安琪拉．阿倫茲（Angela Ahrendts），Burberry 集團前執行長、蘋果公司（Apple Inc.）前資深副總裁

「百思買在喬利的領導下重整成功、令人刮目相看，堪為全球商學院的模範教材。」

——傑夫．貝佐斯（Jeff Bezos），亞馬遜（Amazon）創辦人兼執行長

「喬利邀請我們一同深度思考企業的宗旨，並提供讓願景成真的準則和實用建議。」

——薩蒂亞．納德拉（Satya Nadella），微軟公司（Microsoft）執行長

「喬利讓我們了解真正且有效的領導方式是什麼：釐清崇高宗旨、以人為本、照顧所有利害關係人、自然而然獲得豐碩利潤。」

——艾查・艾文斯（Aicha Evans），Zoox 執行長

「凡是想要了解現代企業如何成為全球行善力量、領導力新趨勢、以及為何崇高宗旨是萬事萬物核心的人，絕不能錯過這本佳作！」

——艾力克斯・戈斯基（Alex Gorsky），嬌生公司（Johnson & Johnson）董事長

「這本『釋放人性魔法』教戰守則將會革新企業經營的方式，更將改寫商學院教導商業管理和資本主義的內容。」

——亞莉安娜・赫芬頓（Arianna Huffington），Thrive Global 公司創辦人兼執行長

「《企業初心》是一本獨特又極具人性的指南，教導我們真正的領導和共事之道。」

——雷夫・羅倫（Ralph Lauren），雷夫羅倫企業（Ralph Lauren Corporation）執行董事長暨創意長

「喬利對於『宗旨』和『員工』的熱愛，遠遠大於『利潤』。當人性處於最脆弱的困境時，本書以獨到見解和實用範例，說明企業如何成為強大的行善力量。」

——保羅．波曼（Paul Polman），想像公司（Imagine）共同創辦人兼董事長；聯合利華公司（Unilever）前執行長

「喬利是當今最受矚目、最善解人意的執行長之一，能啟發有志於成為宗旨型領導者、在事業生涯活出意義的所有人。我親眼見證他重整零售業、獲得巨大成功。其原則就是視『宗旨』和『利潤』一樣重要。正因如此，即使工作辛苦，卻也同時讓人感到愉悅和充實。」

——蔻芮．貝瑞（Corie Barry），百思買前執行長

「『宗旨』和『以人為本』是創造公司績效與長期價值最強大的驅動力。任何想為經濟、社會和環境做出貢獻的領導者，必能從本書中獲得深刻的啟發。」

——蘇菲．貝隆（Sohpie Bellon），索迪斯集團（Sodexo）董事長

「這是一本適合這個時代的最佳領導書籍，幫助全球領導者了解如何鼓勵人們的真理。作者喬利從一個重視分析、野心勃勃的麥肯錫公司顧問，轉變成宗旨型領導者，他的雋永故事和真實人性為本書注入生命，讓讀者明白：追求崇高宗旨、以人為本，是任何人都能做到的高效領導配方。」

——詹姆斯・希特林（James M. Citrin），史賓沙顧問公司（Spencer Stuart）北美業務執行長；《你當家作主，然後呢？》（*You're in Charge—Now What?*）作者

「喬利是我非常尊重且欣賞的領導者。他在這本引人入勝的書中，記錄他善用宗旨以及與員工、顧客、股東和社區建立人際連結的成果，值得所有企業效法。」

——約翰・多納霍（John Donahoe），Nike 總裁兼執行長

「喬利和其領導團隊創造出驚人的百思買傳奇，是本世紀最具啟發性又有教育意義的故事之一。《企業初心》不僅是所有領導者必讀之作，更是有意成為未來領導者的藍圖。」

——馬歇爾・葛史密斯（Marshall Goldsmith），暢銷書《自律力》（*Triggers*）和《UP學》（*What Got You Here Won't Get You There*）作者

導讀

以人性魔法驅動企業轉型

郭佳瑋
台灣大學工商管理學系暨商學研究所教授

試想在二〇一二年，一家大型連鎖電子產品零售商，正面臨電商巨擘亞馬遜（Amazon）的步步進逼，亞馬遜憑恃價格優勢，以泰山壓頂之勢席捲零售市場版圖；此外，同為實體零售商的沃爾瑪（Walmart）提供大幅折扣侵蝕產業獲利；街邊的小型手機店也成為智慧型手機及平版電腦銷售上的主要競爭威脅；國際市場上的競爭則更是日趨白熱化。如果你接下這家企業的執行長，你會怎麼做？

上述情況，其實就是美國消費型電子產品龍頭百思買（Best Buy）所遇到的挑戰及難題，而本書作者修伯特．喬利（Hubert Joly），正是當時勇敢接下這個燙手山芋的人。有別於其他執行長在上任之初力行大幅削減成本及裁員的做法，喬利從不同的角度切入，以凸顯企業現有的核心優勢為改革的起點。

八年後，喬利卸下在百思買的所有職務，徹底翻轉這家當年被華爾街分析師認為，最終將淹沒在數位及電子商務浪潮實體商店的命運，不僅成功的減少成本支出，將股價從原來的十二元翻轉數倍，更重要的是，徹底改變原本實體商店的「展示廳現象」（showrooming），在亞馬遜的強勢競爭之下，走出自己的路，創立不同的商業模式。百思買成功翻轉的經驗，帶給眾多以實體店面為主的企業許多啟示。

我在台大EMBA開設的營運與供應鏈相關課程中，也曾以百思買的個案，帶領學生一窺喬利帶領百思買成功轉型的「重建藍衫」（Renew Blue）計畫。在這個計畫中，不僅闡述提升顧客體驗的重要性，並藉由增加營收及效率，取代一般認為的成本縮減。從策略面的角度來看，喬利與其團隊將其所販售的商品對標電商售價（match price），並藉由多管道銷售及凸顯在店的顧客體驗，來提升顧客滿意度。

然而，上述策略做法並非別出新裁。在課堂討論中，我常問學生這樣的問題：「如果這些策略及做法與其他企業相比並不特別，那麼真正成功翻轉百思買的魔法到底是什麼？」本書已經為我們提供最好的解答，答案就是喬利所謂的「人性魔法」（human magic）。

在本書中，最值得企業領導人省思的即是「賺錢是企業的責任、也是結果，卻不是終極目標」。喬利藉由漢維布爾電腦（Honeywell Bull）執行長尚馬利・迪卡彭崔（Jean-Marie Descarpentries）所提出的「企業三大要務」：人員→業務→財務，說明企業成就的第一要務，是成就員工的發展與滿足，才能進而造就忠誠顧客一再回購，最終導引至企業的獲利。這個觀點與近年組織與人才管理思維的轉向不謀而合，例如詹姆斯・海斯科特（James L. Heskett）發表於《哈佛商業評論》（*Harvard Business Review*）的〈讓服務利潤鏈發揮效用〉（*Putting the Service-Profit Chain to Work*）一文中，即說明過去企業多忽略員工（即企業的內部顧客）滿意度與企業財務績效的連結。因此，如果想要讓消費者滿意企業所提供的產品或服務，必須先從員工認同及工作滿意度為始，才能產生足夠的顧客忠誠度，並帶來財務上的績效。

在本書的第一部，喬利首先著重於探討工作的意義，站在員工的角度思考如何對工作產生熱情。事實上，在喬利上任執行長之初，便親自到實體店面實習，他在胸前掛著「實習執行長」的名牌，聆聽第一線員工的心聲及其需要的工具及資源，並從現場了解員工如何對待消費者，進而創造優越的顧客體驗。

他深知唯有能在工作中獲得滿足的員工，才能創造忠誠與滿意的顧客。也唯有當員工願意發揮同理心、站在顧客的角度思考，才能提供消費者最合適的商品及服務。書中特別分享有關百思買員工為三歲的喬丹心愛的玩具暴龍「動手術」的真實故事，員工假裝救治斷了頭的暴龍，並偷偷調包成一隻新的，讓喬丹能重新綻放笑容，帶著「被治癒」的暴龍寶寶開心回家，這就是員工展現同理心的最佳印證。

百思買對人才的重視，也具體落實在喬利上任後提出的「重建藍衫」計畫上。藉由精進原有的「技客小隊」（Geek Squad）服務形成更專業的顧問服務，並配合線上訂貨、線下取貨策略，成功翻轉「展示廳現象」，引領消費者重返實體門市，不僅創造更高的業績，更因消費者選擇門市取貨，大大降低物流成本。而能成功扭轉消費者購買行為的關鍵，就在於善用「人性魔法」驅動員工的行為，讓員工將工作視為追求意義及成就下的結果。

「利害關係人資本主義」亦是喬利在職涯過程中漸漸奉為圭臬的主張。過往二十世紀強調「企業唯一的社會責任，就是為股東創造最大利潤」，但這樣的主張在現今企業經營環境下已顯得不合時宜，企業的獲利數字會依不同的評量方式而有所差異，更無法藉此看出充滿動力的員工及忠誠的顧客。因此，相較於只著重於股東，企業更應該將員工視為公司架構的中心，並與公司內外部的所有利害關係人（包括顧客、供應商、地方社區和股東）構建起正向的關係，藉由員工間的相互理解及包容，擴散到其他利害關係人。

如同百思買在實體門市上最大的改變，是與供應商策略結盟的「店中店」體驗，這樣的模式不僅應用在三星、微軟、Sony 等品牌供應商，就連原本視為頭號競爭對手的亞馬遜也納入其範圍，這樣的利害關係人資本主義會層層擴大到對社區的關懷、企業社會責任的連結，最後自然成就股東權益的提升。

百思買既然是「以員工為中心」，本書也針對如何釋放人性魔法提出五大要素：一、連結個人宗旨與企業宗旨；二、發展真誠的人際連結；三、強化賦權及自主性；四、精益求精的人才發展；以及，五、創造鼓勵成長與無限可能的環境。為了達到上述目的，企業領導人也應改變以往的思維，從握有權力的英雄角色設定中走出來，清楚自身成為領導者的宗旨及角色，信奉正確的價值觀，創造出讓他人成功的環境。

本書作者喬利從其翻轉百思買及職涯發展的經驗中得到啟發，藉由工作中的經歷及小故事，延伸出「企業初心」的具體內涵，對於企業領導人在面對企業永續發展或逆風轉型上，提供一個具體的策略架構及執行步驟，相信本書定能對所有領導人在事業經營上產生巨大的助益。

序言

企業初心在於人

比爾・喬治（Bill George）

我很榮幸能為摯友修伯特・喬利（Hubert Joly）的傑作《企業初心》寫序。這本書宛如新世代領導者的明燈，指引他們振興「利害關係人資本主義」，在造福員工、顧客、供應商及社區的同時，持續為投資人創造長期獲利。

這本書和一般前執行長會寫的典型內容很不一樣，喬利將畢生在全球商業戰場上累積的豐富經驗及精深的個人智慧交織在一起，塑造出一種值得所有商業領袖學習、效法的領導模式。

喬利能夠寫出一本這麼重要的著作，實在不是件容易的事。他好學不倦，勇闖陌生產業，挑戰扭轉乾坤的角色。他應用嚴謹的法語教育和麥肯錫公司顧問的訓練，先後擔任五家企業的執行長，終至帶領百思買公司轉型成功。這些年來，喬利自己也歷經極大的轉變，他不再追求成為會議桌上最聰明的人，而是志在成為一個熱情又富有同情心的領導者。

我和喬利相識，是在他搬到明尼亞波利斯市（Minneapolis）擔任卡爾森集團（Carlson Companies）執行長後，後來我們還成為鄰居。深談之下，我們發現彼此對許多事情的看法都很相像，包括對於領導的信念、資本主義的宗旨、建立與維繫偉大企業所需的要素等等。雖然喬利在法國，而我在美國，但我們在企業經歷過同樣的發展歷程，並且都在付出極大的代價後，才了解所謂「領導者」，並不是要成為一個全知全能的人。

二〇一二年，當喬利接任百思買執行長時，他已經帶領多家企業重整成功，包括電資系統法國分公司（EDS France）、威望迪集團（Vivendi）遊戲部門、卡爾森嘉信力旅遊（Carlson Wagonlit Travel）和卡爾森集團等。儘管他在電資系統和威望迪創造了非凡成就，但當時才四十幾歲的他，就開始對於追求「成功」感到懷疑。這讓他退一步審視自己的靈魂，試著為自己的人生找出更好的方向。

後來，喬利在與法國天主教修士和一些企業執行長的互動中，意識到工作是一種服務他人的崇高使命，也是愛的展現。他在本書中引用詩人卡里．紀伯倫（Khalil Gibran）的字句：「工作是愛的體現」，強調工作必須以人為本，以追求崇高宗旨為導向。正是這份信念，造就他往後的人生與職涯。

喬利在《企業初心》書中，分享他的心靈之旅各個面向，因為他深刻了解到，「讓人們為共同使命而奮鬥」是一種更強大的領導方式。身為一個內向的人，他發現分享自己的弱點，能更深入的與他人交流、鼓勵人們敞開心胸。他寫道：「完美的人代表沒有弱點，但沒有弱點就沒有真正的人際連結。」

喬利在而立之年就覺得自己達到巔峰，不禁自問：「就這樣了嗎？」他不是唯一有這種感覺的人，我四十幾歲任職於霍尼韋爾公司（Honeywell）的最後幾年也心有戚戚焉。當時的我沉浸在三度帶領公司轉型成功的成就裡，一心想成為這家國際公司的執行長。一九八八年的某一天，我在開車回家的路上，不經意在後照鏡裡看到一張狼狽的臉孔，我終於向自己坦然承認：我迷失了！拚命要在一個我不熱衷的企業裡贏得頭銜，而不是去履行自己的使命。我沒有用我的「心」來領導，還一味壓抑我的熱情和同情心。在妻子的敦促與好友的鼓勵之下，我因而覺醒，接受了美敦力公司（Medtronic）的邀聘，並在這裡度過十三年的黃金職涯時光。

一九九五年，我和妻子潘妮遇到一行禪師（Thich Nhat Hanh），他為我們開示：「你這輩子最漫長的旅程，是從腦到心這段十八吋的距離。」但這段旅程當中所獲得的知識，不見得能立刻化為行動。我即使當到美敦力的執行長，都還在不斷的學習這門課。即使我早已展開這段通往心靈的旅程，我知道自己還有好長一段路要走。職涯已達成功頂峰的喬利也一樣提出全新的體悟，他給予我們的關鍵教訓是，展開尋找真我的內心之旅時，要秉持開放的心靈和初學者的心態。

喬利走過個人心靈之旅，讓他的領導轉而以人為本，他對領導哲學也有一番新見解。他從自身經驗發現，企業也必須走上屬於自己的旅程——從追逐財務目標，轉而覺悟到企業之心在於人。喬利觀察到：企業不是沒有靈魂的實體，而是以人為核心的人性組織，一起維繫共同宗旨。為此，企業必須創造出讓每位員工都能大有可為並發揮潛力的環境，釋放出「人性魔法」。他認為，宗旨（purpose）是企業的核心，讓公司能為共同利益做出貢獻，並讓所有利害關係人受惠。

當百思買陷入困境，被要求進行重整時，許多分析師預測它會在二〇一二年倒閉，或是被私募基金大卸八塊。喬利獲選為執行長後，我和他花了好幾個小時討論他所面臨的挑戰。多數企業執行長都會選擇照傳統的重建劇本：一、關掉三到四成的分店並賣掉房產；二、遣散三萬到四萬名員工；三、減少產品類別；四、壓低供應商價格；然後五、坐等亮麗的財報出爐。

然而，喬利卻採取截然不同的辦法，那就是認定「宗旨」和「人」，才是讓企業突破萬難、轉型成功的關鍵力量。他坦承自己對零售業所知有限，帶著一顆學習的心來到明尼蘇達州聖克勞市（St. Cloud），穿上卡其褲和百思買知名的藍色制服，胸前名牌寫著「實習執行長」。他上任後三天都待在那裡，試著透過顧客和第一線員工的視角來了解公司的問題。

喬利鼓勵百思買員工一同參與一項名為「重建藍衫」（Renew Blue）的重整策略。他把重點放在提高銷量和利潤率，至於縮減工作機會和關閉分店則是萬不得已時才會考慮。為此，他創造出一個正向的工作環境，並對公司面臨的挑戰保持完全透明。

企業重建是條漫長且充滿不確定性的路，因此，喬利會特別針對公司的小小進展來公開慶祝一番。例如，他宣布從二〇一二年底開始停止拋售物業，象徵公司營收已經止跌回穩。他非但沒有要供應商壓低價格，反而和他們合作在店裡規劃出三星（Samsung）、微軟（Microsoft）和蘋果（Apple）「迷你商店」，並增加家電用品和醫療保健產品。甚至連死對頭亞馬遜（Amazon）也成為他的合作夥伴。這些做法為百思買十二萬五千名雇員帶來信心、希望，以及辛苦工作的回報，進而釋放出他一直在追求的「人性魔法」。

於是，不斷提高的銷量和利潤率成功推升公司低迷已久的股價，所有利害關係人都因而得到豐厚的報酬。百思買於二〇一六年重整完成後，喬利繼續帶領公司追求「用科技豐富顧客生活」的使命，並轉而推動名為「建立新藍衫」（Building the New Blue）的成長策略。

喬利成功重整百思買的成功事蹟為所有企業提供諸多啟示，而《企業初心》則進一步說明成功背後的深刻道理。其中最重要的是：企業需要鼓勵員工一起追求共同宗旨，才有可能在未來共創成功。因此，他呼籲各企業重新關注為顧客與共同利益服務的廣大員工們。

喬利的成功經驗證明，「企業宗旨至上」的做法遠遠優於米爾頓．傅利曼（Milton Friedman）所宣稱的「企業的社會責任是增加利潤」。喬利和我都相信：企業之所以能夠長期獲利，是以宗旨為導向，並關注所有利害關係人而獲得的成果。

在未來，每家公司都需要把重點放在它的宗旨或存在的理由，才能夠為所有利害關係人創造價值，獲得服務社會的合法性。企業依循喬利的做法，將能為員工提供有意義的工作和優渥的薪酬，為顧客創造能夠增進與改善生活的產品和服務，並為投資人帶來源源不絕的獲利，進而成為社會轉型所需的良善力量。

喬利在《企業初心》中揭露達到上述願景的方法，並把他所有的哲學都濃縮在這本傑作裡。我深深相信，當企業領導者都能關注書中重點，並且願意採取這套做法，這個世界將會變得更美好。

本文作者為哈佛大學商學院教授，曾任美敦力公司董事長與執行長。

著有：《發現你永恆不變的理念：成為真誠領導人》（*Discover Your True North*）

前言

「希特林，你瘋了！」

我對我的朋友詹姆斯．希特林（James M. Citrin）這麼說，他在史賓沙顧問公司（Spencer Stuart）負責北美執行長業務。我們從一九八〇年代就認識了，當時我們是麥肯錫顧問公司的同事。二〇一二年五月，希特林直截了當的問我這個問題：「你有沒有興趣當百思買的執行長？」

我很早就知道百思買這家公司，原因不光是我接獲希特林來電時，正住在明尼蘇達州。幾十年前，我在洛杉磯負責管理威望迪全球遊戲部門時，就曾冒著明尼亞波利斯市的嚴冬，到百思買總部推銷我們公司的《暗黑破壞神二：浴火重生》（*Diablo II, Half-Life*）及其他最新遊戲。二〇〇八年，我無懼於惡劣氣候搬到明尼亞波利斯市，擔任卡爾森集團

（Carlson Companies）執行長。一年後，我延攬在百思買當了三十五年執行長的布萊德・安德森（Brad Anderson）於卸任後加入卡爾森集團董事會，因為我非常欣賞他和百思買創辦人理查・舒爾茨（Richard Schulze）共同打造出的這家零售巨擘。百思買最初只是明尼蘇達州聖保羅市的一家音響設備專賣店，最後居然成為全球規模最大的消費型電子產品連鎖店。

無論從哪種角度來看，希特林的想法都很瘋狂。我對零售業一無所知，而且二〇一二年時，百思買的市場動態並不樂觀：網路零售業正迅速的在電子零售市場上攻城掠地，尤其是亞馬遜，這讓以往的大品牌們感到難以招架。長久以來的競爭對手電路城（Circuit City）已經申請破產，睿俠（Radio Shack）也正走向相同的命運。此外，百思買的多家重要供應商，包括蘋果、微軟、Sony 等等，都在積極開設自己的專賣店。同時，多年來百思買專注於擴張海外市場，美國國內的業績早已惡化多時。

雪上加霜的是，執行長安德森剛被開除，創辦人舒爾茨打算讓公司全面私有化。許多分析師與投資人都預測，百思買正一步步走向滅亡。

「這間公司根本一團亂！」我對希特林說。

但是他一點都不認同：「這個位置非常適合你。這正是百思買重整的時機，而你是優秀的重整專家。我認為會很棒！你至少應該研究看看。」

基於以下三個原因，我決定聽從希特林的建議開始審慎評估。第一、我在卡爾森集團待了八年。如今，我隨時都可以決定離開，因為我對集團未來業務走向的看法，與團隊其他成員迥異；第二、我相信希特林；第三、我這輩子的確帶領過多次重整計畫，在許多與百思買處境相近、歷經顛覆性變革的產業中累積許多經驗，或許能對這間公司有所幫助。

我開始仔細研究，閱讀每一篇關於百思買的報導，聆聽投資人報告，訪談離職員工並親自造訪幾家店面。當我知道得愈多，就愈感到興奮。我認為這間公司的困境並非源於亞馬遜的威脅，也不是市場劇變（market disruption）或數位破壞（digital disruption）所導致。

事實上，消費型科技正推動龐大的需求，這是市場上令人振奮的時刻。我認為這個世界需要百思買：消費者需要有人協助他們選擇合適的科技產品，至於供應商需要廣大的商店網絡，來展示他們投入數十億美元的研發成果。即使當時的我對零售業所知不多，但我很清楚，雖然百思買面臨重大的挑戰，但它的問題多半是自己造成的，因此完全在公司的掌控範圍內。百思買不見得會倒閉，是有辦法挽救的！

等到我與負責選拔新任執行長的董事會首次見面時，已經不再覺得希特林的想法是瘋狂的。我真心想得到這份工作。

「我覺得我的整個職涯，都是在為這份工作做準備。」這是我在第一次面試時，對董事會成員凱西．維克多（Kathy Higgins Victor）和其他面試委員所說的話，我還記得那天是二〇一二年七月十四日（法國國慶日，對法國人而言是個意義重大的日子）。隔月，在我生日那一天，我接到維克多來電，告知我將成為百思買新任執行長。

自此，我在百思買待了八年，這是一趟啟發人心又萬分充實的冒險。這家原本應該成為亞馬遜俎上之肉的公司，再度成為蓬勃發展的零售巨擘，不但和亞馬遜建立合作關係，內部員工個個敬業又滿懷熱情。二〇一九年，我把執行長職務交棒給蔻芮．貝瑞（Corie Barry）之際，百思買已創下一連六年持續成長的紀錄，不僅盈餘翻了三倍，二〇一二年跌到個位數的股價也漲到七十五美元。媒體讚譽我們「跌破眾人眼鏡」、「締造奇蹟」、「讓公司起死回生」。我當初設定的目標已經完成，於是在二〇二〇年卸下董事長職位。

我在百思買的這段期間，充分將我早年所學付諸實踐，也從員工身上學到很多。我更了解工作，更了解公司的性質和角色，更了解是什麼燃起員工內在追求卓越表現的火焰，也更加深刻的體會到「領導」的真諦。

我了解到自己早年求學、當顧問、當主管時所學到的，多半是些錯誤、過時或一知半解的東西。我了解到公司存在的根本目的並非賺錢，這和傅利曼要我們相信的東西正好相反。我了解到由上而下的傳統管理方式，也就是由幾個聰明的主管先訂定策略與行動計畫，再告知全員該怎麼做，並透過獎勵措施來激勵員工執行，鮮少能夠奏效。我也了解到，將領導者塑造成聰明強大的超級英雄模式，早已不合時宜。

我在百思買度過美好的歲月，從中累積許多豐富的經驗，開始相信**宗旨**和**人際連結**是構成企業的核心，企業進行必要且緊急的重建時，也應該以這兩者為焦點。幾十年來，我們所知的資本主義正面臨危機：愈來愈多人認為資本主義該為當前的社會分裂和環境惡化負起責任。員工、顧客、甚至是股東都殷切期盼，企業不該只是盲目的追求利潤。「無心工作」（disengagement at work）已然成成一種全球傳染病，近年來在新人權運動和新冠肺炎疫情的影響下迅速蔓延。若想解決眼前面臨的重大挑戰，重新思考資本主義體制已是刻不容緩。

在這場戰役中，企業可以成為一股向善力量，運用它所獨具的優勢，幫助世界解決一些迫在眉睫的問題。愈來愈多企業領導者對此觀點深表贊同，然而我們也都明白，要能做到並不容易。這就是為什麼正當我準備展開人生新篇章之際，會想和大家分享自己的多年所學。

事實上，過去在擔任執行長時，我總是刻意保持低調，禮貌的婉拒在電視節目或雜誌封面上現身。因為對我來說，所謂的「管理」與執行長個人的名聲與榮耀無關，只與我的工作以及我所領導和激勵的那群人有關。現在的我已經卸下職務，或許我可以運用自己的精力和經驗來推廣心中的願景，讓它在更多地方發揚光大。在現今商業競爭環境下，圍繞著宗旨與人性的企業改造勢在必行，我希望能夠為此做出一些貢獻。

我在本書中分享的信念，是三十年來不斷反思、學習和實踐的結晶。我從許多偉大思想家、研究者和實踐者身上汲取構想、知識和靈感，因此這些信念奠基於許多研究、心靈探索和前人智慧。在此同時，我透過領導企業轉型及現實生活來驗證這些信念。我所獲得的啟發，不僅來自對卓越領導者、同事、前輩、教練、家人和朋友的觀察與學習，也來自日常生活中的法語漫畫和流行電影。本書反映出我之所以成為現在這樣的領導者，是根源於數千個來源的數千個想法，這正是這種領導模式**確實可行**的關鍵。

「天生領導者」、「天才超級英雄」之類的形象全是虛幻的迷思；當企業教練明確指出你的缺點、同事點出讓你刻骨銘心的問題，或前線員工試圖讓你明白你根本不了解他們與你不同的生活處境，這些時刻的你才是最真實的你。這類故事在本書中隨處可見，也正拜它們所賜，讓我成為我心目中的領導者，這些經歷是我必須與讀者分享的重要部分。

雖然本書是我個人的經驗談，但它並不是回憶錄；雖然我領導百思買及其他公司的故事貫串其中，但它並不是企業重建與轉型的操作手冊。本書闡述下一個資本主義時代的關鍵領導準則，以及如何在最好與最艱難的情況下予以實踐。這些準則蘊藏在全書娓娓道來的個人旅程、閱讀和經驗之中，而非直接逐項列舉。

這些關鍵領導準則和其應用說明，分別呈現在本書的四大部分。想要改變經營企業的方法，就得先改變我們對於工作的看法。

第一部、破除傳統的工作概念，提出更具啟發性、更正面的見解。工作不是詛咒，也不是讓你能做其他事情的手段，它可以是人類尋求意義與成就的一部分。

第二部、探討為什麼以「追求股東價值最大化」為主要宗旨的傳統觀點，在今日世界是錯誤、危險且不適當的。企業宗旨必須是為共同利益做出貢獻，並以和諧的方式服務所有利害關係人。為此，企業必須被視為一個人性組織，所有成員協力維持能夠激勵人心的共同宗旨，也就是麗莎・厄爾・麥克勞德（Lisa Earle McLeod）所說「崇高宗旨」（noble purpose）。[1]在新的企業經營架構中，崇高宗旨是企業存在的理由，人是企業一切作為的核心。

重新定位工作目的和企業的角色與性質後，我們將進入下一個階段。

第三部、探討為這個架構提供動力的人，以及如何釋放我所謂的「人性魔法」。我們需要創造出一個環境，來激勵每位員工達到非凡的績效，我稱它為「非理性表現」（irrational performance）。

最後，**第四部、詳述完成以上任務所需的領導特質，也就是宗旨型領導者的「五要準則」**。今日的領導者必須有明確的宗旨，清楚他們的服務對象是誰，意識到他們真正的角色，追求價值，並且真實可靠。

如果以追求利潤為唯一目標的企業營運方式，曾讓你感到失望與無力，那麼本書就是為你而準備的。

如果你正尋求某種方法，來讓企業成為一股真正的向善力量；如果你想尋求一種基於宗旨與人性的領導方式，並知道為什麼宗旨與人際連結能夠創造出超乎人們預期的長期成功，本書就是為你而準備的。

如果你想要以宗旨和人性來領導，讓自己無論在任何位階都能產生讓所有利害關係人受惠的非凡表現，本書將能幫助你。如果你想要更了解宗旨和人際連結如何創造出讓人意料之外的長期成功，本書將能幫助你。

我希望這本書能幫助企業各階層主管，以及所有想要在商業界過著有意義、有影響力和愉快生活的人，在邁向自我發展的旅程上，成為更有效的領導者。透過這本書，我衷心期盼能與你共創更美好的企業與世界。

人為什麼要工作？為的是權力、名氣、金錢，還是成為有用的人？為的是想要改變這個世界，還是透過工作來換取自己想要的東西？我們對於這個問題的答案，影響著我們看待工作的態度，以及願意投入工作的程度。

事實上，工作可以是人類追尋人生意義與成就的一部分。如果我們每個人都試著改變對於工作的觀點，將它從視為「負擔」轉變為「機會」，就是讓企業開始脫胎換骨的契機。

第一部

工作的意義

第一章 亞當的詛咒

工作是要避免的必要之惡。

——馬克·吐溫（Mark Twain）

二〇一二年六月，就在我說希特林瘋了，還沒決定要去百思買面試執行長一職的時候，我走進明尼亞波利斯市郊伊黛娜區的百思買分店。喬裝顧客是我研究某家公司的一種方法，親自到店裡買東西，往往是診斷零售商困境的最佳方式。

穿越商店大門後，我彷彿進入一個無趣、黑暗又荒涼的洞穴。店內沒幾個顧客，我一個人獨自徘徊在滿是灰塵的走道。最後，我終於遇到三、四位穿著百思買藍色制服的店員，他們忙著聚在一起聊天，根本沒興趣知道我想找什麼產品，或是否需要協助。

我之前就想好要來買手機螢幕保護貼，因為我發現這東西很難貼上去，如果自己貼肯定會搞砸。所以我從架上拿了一個，走向那群穿藍色制服的店員，冒昧的打斷他們的談話，詢問他們是否能幫我貼上去。

「可以。」他們意興闌珊的回答，但是要他們幫忙貼，要收費十八美元。我大吃一驚。十八美元？有沒有搞錯！這樣我還不如上網購買，既省錢又不用大老遠跑這一趟。

我相信這些店員只是在執行公司的政策。不難想像公司要他們盡量從每位顧客身上多賺點錢，確保從各個角度來壓榨。但對我來說，這是一次非常糟糕的臥底購物體驗。店員無心工作的程度令我意外，他們敷衍了事、只做最低要求、要我主動詢問才會有所回應。他們顯然沒興趣透過有意義的對話，來了解我可能還需要買些什麼。

顧客購買螢幕保護貼後幫忙貼上，如此簡單的交易卻讓我感覺像是上牙科診所拔牙。沒錯，店員願意幫忙，但我感覺不到這份工作可以帶給他們任何快樂，他們的態度也完全無法感動身為顧客的我。

幾天後，我又去了位於里奇菲爾德的百思買總店。這一次我打算買一支手機。一走進店裡就感覺有希望得多：這間店比較明亮、沒有灰塵，更棒的是，我發現一支零元的ＬＧ折疊式手機。當時的電信業者會給零售商獎金來鼓勵人們使用他們的服務，並用零元手機來吸引顧客。

手機部門的員工很友善。我請店員幫我開通包含國際電話的電信服務後，帶著愉悅的心情離開。或許我在伊黛娜分店的購物體驗只是個不幸的例外？

當天下午，我想用手機打電話給遠在法國的女兒。結果始終打不通，我的新手機不能撥打國際電話。於是我正式步入夢魘般的客服世界。我先打到店裡要求轉到手機部門，結果沒有人接電話。於是我又打去客服中心，把問題告訴客服人員，對方說他沒辦法幫我。最後，我得親自回到店裡解決問題。

對我來說，這簡直是個教科書般的完美案例，顯示這間公司只想銷售產品，沒有真心想要協助顧客。這間公司無疑是在自廢武功，讓第一線員工喪失能力與動機真心與顧客互動、滿足顧客的需求。

無心工作是種全球傳染病

不幸的是，我在二〇一二年臥底購物時遇到的百思買店員並非特例，世界上多數人面對工作和公司時都是如此缺乏動力。工作無法激發他們的熱情，所以他們在週而復始的每日工作上，一直沒有花最大的努力、精力、注意力與創造力。

ADP研究所（ADP Research Institute）調查十九個國家的一萬九千名員工，發現關於「無心工作」這個全球傳染病的確切數字：大約只有一六％的人對工作全心投入。這是個驚人的數字，這表示每十人中，就有八人上班時心不在焉。雖然各國員工無心工作的程度不一，但這已經稱得上是全球現象。[1]

這是個人潛力未能充分發揮的悲劇，畢竟我們花在工作上的時間占了人生很大一部分。如此多的才能和動力尚未開發，數以百萬計的人們被剝奪機會，無法在工作中獲得啟發、茁壯、成就最好的自己。

這也是經濟潛力未能完全發揮的悲劇，因為各方研究在在證實，全心投入有助於促進生產力、降低員工流動率、提高顧客滿意度與利潤，甚至能夠減少職業災害。據估計，這種「無心工作」傳染病所造成的生產力損失，總金額竟高達七兆美元。[2]多數人就像我在伊黛娜遇到的那些店員那樣，每天打卡上班混日子，只用上一小部分的精力、創造力、腦力和情感在工作上。

我知道這種感覺。十幾歲時，我曾趁暑假在法國老家附近的BMW修車廠打過工。我的機械知識非常有限，對這份工作既沒興趣，也沒有真正的技能，只是想加減賺點錢。我沒有能力（老實說，也可能是不願意學）在修車廠做出任何實質貢獻，天天度日如年。唯一讓我期待的工作是倒垃圾，因為可以走出修車廠大門，然後盡量拖久一點再回來。我是個懶鬼，工作能躲就躲。

過沒幾週，我就被炒魷魚了。我的職涯真是出師不利。

隔年暑假也好不到哪裡。我想擁有一輛新腳踏車，所以我需要賺錢。我再次視工作為達成目的的手段，把工作當成一種「必要之惡」。我在離家不遠的超級市場打工，負責在蔬菜罐頭上貼價格標籤來賺取最低薪資。我負責的工作就是從箱子裡拿出各種罐頭，用標籤槍貼上價錢，然後排在貨架上。每天就是一直不斷重複這個流程，四季豆罐頭、玉米罐頭、番茄罐頭，我感覺時間彷彿停滯不前。

每一天，我看到顧客在走道上來來往往，但我跟他們之間沒有任何接觸。唯一的人際互動對象是那些同樣做著機械性工作的同事，但他們也和我同樣的悲慘和孤僻。沒有人來指導我們，我幾乎沒看到任何主管，更不用說和他們講到話。工作中的我沒有靈魂，唯一目的就是賺到幾百法郎給自己買台新腳踏車，然後盡快離開這裡。

某天，幸運之神降臨，我被堆高機撞了！

當時的我正將紙箱搬去超市後方攤平回收，空中一架戰鬥機呼嘯而過，堆高機司機倒車時一晃神就撞倒了我。我的尾椎被撞到嚴重瘀青，於是在帶薪病假中過完暑假。我每天在家裡無所事事，最後還是買到我想要的新腳踏車。

再見，蔬菜罐頭！我開心極了。

至今，我都還記得躺著養傷時，想著總有一天我要管理人們。我對自己發誓，等那一天到來時，我會記得我在打工時經驗到的一切：那種空洞與疏離的感受；讓人完全不會想關心它未來是死是活的公司；缺乏意義並讓人變得麻木的工作內容；以及故意拉長倒垃圾時間、享受被堆高機撞傷的時光，一心只想擺脫工作的那個我。我向自己保證，到時候，我會竭盡所能，讓第一線員工不會有像我這樣的感受。

想想看，如果我們能讓超過八成的人都盡全力工作，而不是像現在只有不到兩成，那麼情況會有多麼不同。根據研究顯示，員工投入程度高的部門能多創造出一七％的生產力和二一％的利潤。[3]另外，許多研究也在在證實，擁有更敬業、更快樂的員工，能直接挹注公司的利潤和股價。[4、5]

自認全心投入工作的員工不僅生產力更高，對顧客、同事和供應商態度也更好，辭職率更是比無心工作的員工低了十二倍，[6]而且不分任何產業或職位都是如此。[7]當員工對於工作充滿熱情，將會減少二五％到五〇％的職業災害發生率。[8]

既然全心投入工作的好處那麼多，為什麼全世界還會有「無心工作」的現象呢？這要從我們對工作的看法談起。

工作是個苦差事

自古以來，工作一直被視為一門苦差事，甚至是種詛咒或懲罰。對許多人而言，工作充其量只是達成人生目的一種手段，畢竟你得賺錢，才能付帳單、去度假或者退休。

我擔任電資系統法國分公司總裁時，就曾領教過這種觀點帶來的影響。我們公司負責一九九八年在法國舉辦的世界盃足球賽（ＦＩＦＡ）的技術系統，一手包辦從票務和徽章、到電視轉播和保全等業務。我們有一個八十人的團隊專門負責這個案子，每位成員無不全力以赴，希望確保全世界數十億觀眾能在現場和電視前觀看比賽。

這是個大案子，所以我們在世界盃開始的一年以前，就用法國舉辦的一場規模較小的足球比賽測試過系統。我們的系統工程師團隊知道這是世界盃前的重要演練，那週總共花了五十一個小時來完成系統測試。然而，一週加班五十一小時已經超過法國的合法工時，即便是只有這一週，而且又是為了世界盃，依然是違法的行為。在工作類型已經不限於勞動的現代化國家中，這類保護人民免於過度勞累的法規之所以還存在，正是因為工作依舊被視為痛苦與負擔。身為總裁必須負起責任，所以我得支付罰金。

工作對個人來說是詛咒的概念，可以追溯到古希臘時代，然後一直持續到工業革命，至今仍影響社會對工作的看法和感受。這一切可能是從宙斯處罰薛西弗斯無止盡做著無意義的勞動開始，宙斯要他花一整天把大石頭推上山頭，晚上再眼睜睜看著大石頭滾下來。古希臘人認為工作有辱人格，讓他們無法追求沉思和獲取知識的人生理想，[9]羅馬人對此的看法也很類似。[10]而法文中「工作」（travail）這個字，則是源自於拉丁文的一種刑具。

基督教對於工作的看法也沒正面多少。亞當違背上帝命令，偷吃了善惡樹上的果實，因而受到被逐出伊甸園的懲罰，並被詛咒要勞動一輩子。[11]那夏娃呢？她也受到懲罰，得承受生孩子的痛苦。

工業革命帶來新的工作方式以及新的痛苦形式。當時的工作既冗長又艱難。礦工每天沒日沒夜的輪班，不但會吸入煤灰，還要冒著爆炸的風險；而紡織工人則可能被紡織機夾斷手指。人們為了微薄的薪水每週工作六天，每天工作十四到十六個小時，而且中途沒有休息時間，許多人因此而英年早逝。經濟學家亞當斯密（Adams Smith）將勞動視為國家經濟財富的最重要來源，但他認為男性工作者得為此付出慘痛的代價（他似乎沒有認真考慮過女性工作者），會導致「心智麻木」（the torpor of his mind）。[12]總之，工作對整體有益，但對個人有害。

後來，鋼鐵工廠的年輕領班弗瑞德瑞克．泰勒（Frederick Taylor）透過觀察鋼板製造流程，發現能夠有效提高工人生產速度的管理方式。不過，工作雖然因此變得更有效率，但也成為更容易讓人心智麻木的苦差事，工人階層淪為萬能機器之中一枚枚小螺絲釘。

這不正是一九三三年，卓別林（Charlie Chaplin）在《摩登時代》（*Modern Times*）裡描繪的景象嗎？電影一開始，他在生產線上工作，螺絲愈栓愈快，最後被巨型機器的齒輪所吞噬。泰勒發現從事重複性工作的工人缺乏動機，所以會盡可能摸魚打混。難怪卡爾．馬克思（Karl Marx）認為，當個人無法決定他們製造的物品和製造方式時，就會偏離基本人性。

從客觀的角度來看，我們不難理解為何人們對於工作一直不以為然。[13]多數人認為工作只是為了維持現實生活，當工作日或工作週結束後才是真正的人生。工作當下則毫無樂趣可言！

新時代與擺脫不了的問題

此刻，我們的經濟環境正在經歷一場全球性變革。你可以稱之為「第四次工業革命」，或者如史坦利．麥克里斯托（Stanley McChrystal）將軍所說的「烏卡時代」（VUCA），也就是一個多變（volatile）、不確定（unpredictable）、複雜（complex），又混沌不明（ambiguous）的世界。[14]在瞬息萬變的科技和不斷發展的社會規範之下，敏捷、創新、合作和速度已經變得比標準化流程和長期規劃更有價值。

新時代的工作性質早已不同於以往。隨著重複性工作轉為自動化，生理與健康上的損害、卓別林那種讓人心智麻木的重複動作、被推高機輾過的意外都變得愈來愈少見。我當年打工的那間超市已經改用電子貨架標籤，只要輕輕在系統上按個鍵，就能瞬間全面更新標價。就連製造業、農業等傳統勞力密集產業對體力的要求也愈來愈低。經濟體系愈來愈著重服務性和更有創造性的工作，現在全美經濟超過三分之二的工作要求大學學歷（一九七三年時只有二八％），對於領導、溝通、分析等能力的重視程度更是與日俱增。[15]

然而，即使工作性質已經快速進化，但我們對工作的看法依然頑固的一如過往，就算不再把工作當成詛咒，也還是將它視為一種「必要之惡」。在某種程度上，工作性質確實會影響你對工作的感受，例如我長大後的工作投入程度，遠高於當年幫蔬菜罐頭貼標籤的時候；而高階主管和專業人士對自身工作投入程度的評價，也遠高於生產線作業員。不過，工作性質對投入程度的影響，遠不如多數人所想像。根據研究顯示，只有不到四成的高階管理人員全心投入工作，這和第一線員工並沒有太大區別；而且不同世代的情況也沒有太大差異，和嬰兒潮世代相比，千禧世代對於工作的投入程度並未顯著增加或減少。16

因此，不論從各個面向來看，我們對於工作的看法都存在著很大的改進空間，我相信無論我們現在做的是哪一種工作，每個人都還有空間能夠更加投入其中。

★　★　★

二〇一九年，我受邀到 G100 Network 的高階主管會議上演講。有位與會者和我分享他以前到百思買購物時，總是感到非常失望的經驗，他的感受完全符合我於二〇一二年的臥底購物體驗。接著，他談起最近一次去百思買是多麼讓他感到驚豔，他發現那些藍衫店員是真心想要幫助他，並且為他提供絕佳的服務和體驗。

「你們是如何辦到的？」他想要知道，百思買是換掉了整批店員嗎？還是招募具有客服基因的新血？又或許是採行某種更好的獎勵制度？

我的回答很簡單，三個問題的答案都是「沒有」。沒有任何店員被迫離開，我們也沒有找到什麼神奇的激勵公式。除了自然流動之外，店裡全都是原班人馬。

我們到底做了什麼，而能成功扭轉他和其他顧客的購物體驗？我們唯一做的事情，就是釋放員工先前因為心存應付或討厭工作而被壓抑的強大潛力。我們把原本大量無心工作的員工，變成全心投入工作的員工，讓他們發自內心的關懷顧客。

如何才能做到呢？

這就是本書的重點所在。一切要從我們如何看待工作、為什麼而工作講起。

請思考以下問題

⬇你曾經在工作中感到枯燥乏味嗎？

⬇什麼時候比較容易出現這種感覺？

⬇你覺得自己為什麼會有這種感覺？

第二章　我們為什麼工作

工作是愛的體現。

——紀伯倫（Khalil Gibran），〈論工作〉（*On Work*）

請想像一下這樣的場景：三歲的喬丹最喜愛的玩具，是聖誕節得到的一隻暴龍玩具。有一天，暴龍的頭斷掉了，小喬丹邊哭邊跟著媽媽走進家裡附近的大賣場。小喬丹並不知道，這裡就是「聖誕老公公」購買暴龍玩具的地方，所以喬丹媽媽悄悄的向兩位店員說明情況。

無心工作的店員會帶著媽媽和喬丹到陳列玩具的貨架上找找。幸運的話，喬丹可以得到一隻一模一樣的暴龍，然後不得不把他原本那隻壞掉的心愛暴龍丟進垃圾桶。最後店員鬆了一口氣，望著母子逐漸遠去的背影，繼續等待下班時間的到來。

這的確是一般常見的做法，但如果你是那名店員，是否還有其他的可能性？如果你選擇以不同的角度看待工作、不把工作視為詛咒呢？要是我們在這兩種不同版本的做法之間做選擇，是否會大大影響我們是否投入工作？

對我而言，我是用這樣的心態來看待「工作」：工作是人性的基本要素、是尋求個人意義的關鍵、是在人生中找到滿足的方式。誠如詩人紀伯倫在詩作〈論工作〉中所言，我相信工作是愛的體現。

總有人對你們說：工作是一種詛咒，勞動是一種不幸。
但我要對你們說，當你們工作時，
你們便實現大地一部分最悠遠的夢想、那在夢想成形之初便分派給你。
你們辛勤勞動，便是真正熱愛生命，
透過勞動熱愛生命，便是通曉生命最深層的奧祕。[1]

這種觀點對於我的工作觀產生深遠的影響。身為執行長，我有責任鼓勵百思買的每位員工，去思考如何看待自己的工作。

工作是人類尋求意義的一部分

我並非一直以如此正向的態度看待工作。事實上，我的看法是直到一九九〇年代初才開始發生改變。當時，兩位朋友邀請我在雜誌上寫一篇從哲學和神學角度談論工作的文章，我對這個題目很感興趣，所以就一口答應了。

於是我開始研究，想知道《聖經》對於工作有什麼看法。那時網路還沒普及，我只能去翻閱《聖經索引》，裡面有列出舊約和新約所有提到工作的章節。有些內容我早已熟知，例如人類祖先在伊甸園犯下大錯而受到處罰，工作是「亞當的詛咒」。不過，我過去從來沒有把《聖經》從頭讀到尾，更不曾從工作的角度來閱讀它，讀了之後，我發現一個令我十分驚訝的事實。

《聖經》大多數談到工作的段落都與詛咒無關，而是藉由一個又一個的故事，處理同一個核心問題：「我們為什麼要工作？」答案也多半無涉於原罪與懺悔，而是基於一些更為正向積極的理由。這讓我得出一個意料之外的結論：工作是我們身為人類的基本要素。

這真是個令人開心的發現。當時的我也和多數人一樣（至少和多數在歐洲長大的人一樣），被根深柢固的集體觀點所影響，將工作視為一件壞事，要維持生計的人只得乖乖忍受工作之惡，唯有少數有錢人才能夠逃脫它的魔掌。

要擺脫數百年來深刻滲透到社會傳統中的觀點並不容易，但我的研究呈現出另一種觀點：從我們身為人類的本質來看待工作，這樣的看法既正向、又令人振奮。的確，亞當和夏娃因原罪而受懲罰，但工作本身不是懲罰，痛苦才是。被懲罰固然令人難受，但並未從根本上改變工作是人類基本要素的性質。

我在《聖經》中一再讀到這個主題。〈創世紀〉說上帝工作六天創造天地萬物後，為了讓這個世界繁榮起來，上帝賦予人類支配萬物的權力，將亞當安置在伊甸園「開墾並照顧它」。[2]所以亞當確實在伊甸園裡就開始工作，而且是為了繁榮萬物而存在。這讓我獲得一個重大的體悟：真正的工作成就，是做對別人有益的事，是為共同利益做出貢獻。因此，《聖經》中所說的「工作」具有深遠的精神意義，而不只是為了謀生或滿足人的基本需求。

我來自一個天主教家庭，所以自小接觸天主教會的社會訓導（social teachings）。自十九世紀末《新事通諭》（*Rerum Novarum*）頒布以來，教會開始闡明對經濟發展的觀點。[3]這些文獻證實工作定義人性的看法。教宗若望保祿二世（Pope John Paul II）寫道：「人的工作不僅是由人出發，更是以人為導向、以人為其最終目的。」[4]

在日後持續進行探索的旅程中，我了解到這種饒富積極的、精神的、人文主義的工作觀並非天主教所獨有。例如，新教改革者就認為，工作是快樂和成就的來源，徹底改變數百年來蔑視生產和勞動的看法。對馬丁・路德（Martin Luther）和約翰・喀爾文（John Calvin）來說，不光是心靈和宗教上的努力，一切生產性工作都該被視為一種使命，一種服侍上帝和社會，從而充分發揮上帝所賦予才能的方式。[5]其他宗教也普遍認為，工作不光是為了讓自己受益，也是為了讓他人受益。例如，伊斯蘭教某些教義將工作視為服務他人，而不光是為了滿足自己的需求。[6]同樣的，印度教也秉持工作即服務的概念。[7]

我在一九八五年剛搬到美國時，就對新教徒熱衷於工作的傳統印象深刻。當時我擔任麥肯錫公司的顧問，從巴黎被調到舊金山辦公室，深刻體會到這裡所瀰漫的正向心態和能量。我在那裡遇到的專業人士，從矽谷的創業家到史丹佛或柏克萊大學的醫學研究員和學者，全都熱情的談論著他們的工作。他們不但沒有怨嘆困難與挑戰，反而很高興能找到有待解決的新問題，並視之為契機。工作不需要隱忍，因為它是件好事，是展現人們智慧和創造力的方式，是「追求幸福」的工具，更是「美國夢」的精髓所在。

隨著時間的推移，我發現這種正向的工作觀並非宗教所獨有，許多社會學家也認為工作是人類不可或缺的部分。我們多半離不開人際連結（這正是單獨監禁被視為酷刑的原因），而工作是培養這些連結的方式。透過工作，我們成為人類互動網絡中的一份子，與同事、顧客、供應商等對象打交道。失業很難熬，根據研究顯示，失業要比離婚更令人痛苦[8]，不光是因為它造成經濟和財務的困難，還因為它影響到我們的自我價值感，更重要的是，它切斷了我們的社交連結網絡。

心理學對工作也抱持正向的看法。維克多．弗蘭克（Viktor Frankl）的《活出意義來》

（*Man's Search for Meaning*）是對我影響最深遠的一本書。弗蘭克是奧地利籍猶太裔精神科醫師，二戰期間，他的妻子、雙親和兄弟全都不幸死在集中營，只有他輾轉待過好幾個集中營卻得以倖存。他發現存活機率比較大的人，是那些能努力從可怕的經歷和遭遇中找到意義的人。為了讓自己有活下去的勇氣，弗蘭克在腦海中一次又一次召喚妻子的形象，並幻想在戰後向世人講授他在集中營獲得的心理學體悟。

他總結道：生命的目的並非追求快樂或權力，而是要追求意義，最終才能走上滿足與幸福的道路。他認為人們可能在三個地方找到意義：工作、關愛和勇氣。實際上，這三者往往殊途同歸。如果想在工作上得到意義，往往必須關愛別人，並鼓起勇氣克服逆境。

作為人們尋求意義的場域之一，工作的重要性並不只是一個抽象概念。我在為企業提供差旅管理服務的卡爾森嘉信力旅遊服務時，親身體驗到「工作即服務」是一個多麼普遍的概念。我們集團的團隊成員來自各國，當中不乏曾經彼此交戰的國家（像是印度、中國、日本、俄羅斯、波蘭、法國和德國），然而他們卻能夠彼此合作無間，共同為埃森哲（Accenture）、阿爾卡特（Alcatel）、奇異（General Electric）等全球客戶服務。

尋求意義是跨越不同世代的共同需求。根據皮尤研究中心（Pew Research Center）一項針對「青少年認為成年期後最重要的事情是什麼」的調查顯示，有九五%的受訪者選擇「擁有喜歡的工作或職業」，遠高於像是「幫助別人」、「賺大錢」或「生小孩」等其他選項。[9]蓋洛普（Gallup）的調查也證實，「在工作上找到目的」對於千禧世代非常重要。[10]

這種現象不只發生在年輕人身上，就連我們這些有點年紀的人也是如此。大衛・布魯克斯（David Brooks）在《第二座山：當世俗成就不再滿足你，你要如何為生命找到意義？》（*The Second Mountain: The Quest for a Moral Life*）中指出，人生往往有兩座高峰：第一座高峰出現在職涯早期，人們努力追求事業和財務的成功以及個人幸福。然而，許多人達到顛峰後仍感不足，於是在人生下半場再度朝第二座高峰奮力攀爬，他們全力投入家庭、事業、哲學或信仰和社區，旨在尋求意義和目的。[11]

回顧二〇〇四年，當時的我已經登上人生的「第一座高峰」。我的事業發展得非常順利，在麥肯錫短短幾年就因優異的表現而成為合夥人；決定從顧問轉戰管理後，領導電資系統法國分公司、威望迪遊戲等多家企業成功轉型，還成為重整威望迪執行團隊的一員。我才四十出頭就成功攻頂，大可以對自己的專業成就感到自豪，然而，我卻發現這座山的山頂竟是一片荒蕪。過去夢寐以求的成功居然是如此空洞，令我深感幻滅與空虛。更糟糕的是，就在此時，我的婚姻也陷入困境。我覺得此刻的自己需要往後退一步，花點時間審視自己的靈魂，為我的人生找出更好的方向。

探索我們的宗旨

在機緣巧合之下，以前的客戶邀我和其他多位高階主管參加天主教耶穌會創始人依納爵·羅耀拉（Ignatius de Loyola）設計的「依納爵靈修」，該課程是在靈修老師指導下進行冥想、自省和日常練習，啟發日後許多其他宗教及教派、心理學家和企業教練的做法。我們把為期四週的密集課程分散在兩年之中上完，這些課程幫助我重新發現人生的重要事項，逐漸釐清自己的使命，就是「對周遭的人產生正面影響，並善用我所擁有的舞台來影響世界」。琢磨選定的宗旨並隨時念茲在茲，至今依然是我每日的功課。

踏上探索宗旨之旅的方式有很多，以下是我個人覺得特別有用的做法。在《發現你永恆不變的理念：成為真誠領導人》（*Discover Your True North*）一書中，比爾．喬治強調找尋人生宗旨時「大考驗」（crucibles）的重要性。[12]高階主管教練荷頓蘇．勒瓊提（Hortense le Gentil）在她的著作《對齊》（*Aligned*）則分享她對客戶使用的諸多技巧，包括：為自己寫訃聞、重溫童年夢想，以及了解什麼能給予你能量等等。[13]

另外，也可以參考安德烈．祖祖納加（Andrés Zuzunaga）的做法，從「你所熱愛的是什麼」、「你所擅長的是什麼」、「這世界需要什麼」和「能有所回報的是什麼」等四大要素的交集中，探索你的人生宗旨（見下頁圖）。人們往往把人生宗旨和日本的「生之意義」（Ikigai）混淆，後者主要是在找出日常生活中的價值。

無論你選擇何種方式，都指向同樣一個目的：找出能夠給予你能量、可以驅動你向前、符合你內心的真正渴求，而且經得起時間考驗的事情。

追尋宗旨的三大陷阱

在出發探索人生宗旨之前，有件事一定要提醒你：這條路上陷阱重重。一路上，你可能會遇上三種陷阱：

陷阱一、我的宗旨會突然靈光乍現

追求意義最好是循序漸進。我們都渴望找到一份既能滿足內在目標，又能永保生活幸福的理想工作。[14]可惜的是，白馬王子或白雪公主多半不會突然出現。我自己也是在尋求宗旨多年，直到四十幾歲才終於找到可

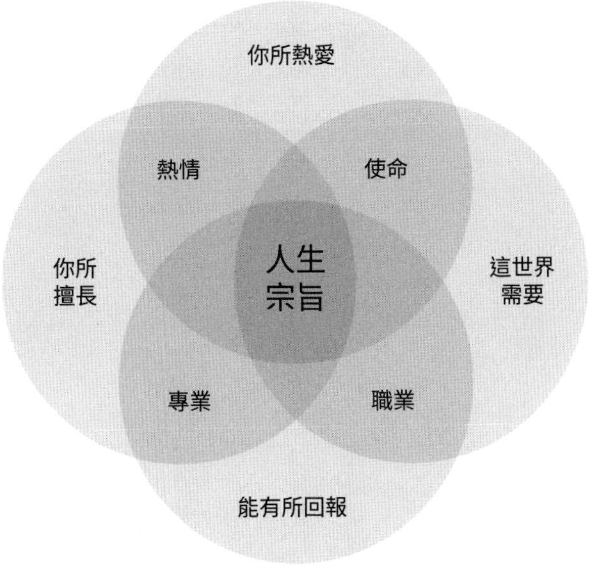

靠的答案。

陷阱二、我的宗旨必須包含性質崇高的活動

如果真是如此，那麼我們都得去慈善事業或醫療體系工作，才有可能找到人生目的和意義了，雖然這類工作確實能夠提供絕佳的宗旨範例。以百思買於二〇一八年收購的GreatCall為例，該公司為老年人的居家生活提供協助，透過居家環境中的感測器，來監控他們的健康狀況，並由經驗豐富的醫療照護專員在緊急時刻提供協助。舉例來說，如果感測器顯示家中冰箱很久沒開或老人家遲遲沒有下床，專員就會立刻行動。

當我們在評估是否要投資GreatCall的過程中，驚訝的發現這間公司的客服人員每年的離職率不到二%，而一般客服中心的離職率通常會超過百分之百。一般人都可以想見，接聽顧客的抱怨電話是個讓人感到疲憊無力的工作，但GreatCal是個令人詫異的例外，因為該公司的員工知道他們的工作是在拯救生命。

然而，不見得一定要拯救生命的工作才能找到意義，各行各業都可以。你也許會想：「你說得倒簡單，那是因為你有份舒適、高薪、坐辦公室的工作。」但我深信，只要你願意，無論職位的高低，每個工作都能找到意義。我很喜歡中古世紀兩個泥水匠的故事，兩人做的工作一模一樣，但被問到對工作的想法時，第一位泥水匠回答：「你沒看到嗎？我在切石頭。」第二位泥水匠的看法則截然不同，他回答道：「我在蓋一座教堂。」

無論我們的工作是什麼，都能自己選擇我們的宗旨，也能決定工作和宗旨的關聯。例如，動物園保育員可以選擇第一位泥水匠的看法，認為自己的工作既單調、無趣又成天髒兮兮的；然而實際上，動物園保育員每五個當中有四個是大學畢業，他們每天大部分的時間在清理糞便、刷地板、餵動物，但離職率卻很低，因為他們多半選擇將工作視為照顧動物的個人使命，並樂在其中。[15]絕大多數的保育員甘願犧牲薪資、自由時間、升遷和個人舒適感，不過值得注意的是，宗旨不應該成為企業要求員工加班和低薪的藉口。

即使是極少量的意義，也能增加投入工作的程度。杜克大學（Duke University）心理學暨行為經濟學教授丹．艾瑞利（Dan Ariely）用樂高積木做實驗。受試者只要能拼出指定造型，就能得到三美元，拼出下一個所得到的錢會減少三十美分，再拼一個又會減少三十美分，依此類推。第一組受試者拼好作品後，作品會被放在桌子下；而第二組受試者拼好後，會親眼看著他們的作品被拆掉。你猜到實驗結果了嗎？結果是，和那些作品被完整保存的人相比，第二組受試者很早就放棄繼續拼積木。16

陷阱三、我的宗旨必須很偉大

「宗旨」二字望之儼然，往往讓人難以招架，心想：我的宗旨要多寬廣？多偉大？多精深？雖然找到意義和目的需要透過反省和自覺，但這不代表你需要辭職，然後搬去寺廟或修道院，你又不是要治療癌症。

「保持簡單」是我的靈修老師在我踏上個人探索旅程時給我的建議。所以當我試著發揮正面影響時，我會從周遭的人們著手。只要提供別人一點小小的幫助，生活之中處處都能找到宗旨感。或許就從讓你感到活力與快樂的事情開始，去思考：「是什麼驅動你？」

將有關宗旨的問題帶入工作

「是什麼驅動你？」這並不是一個在職場中常會被問到的問題，但多問問這個問題將會很有用，因為它能幫助我們建立與某個目的之間的聯繫，並進而影響我們與工作之間的關係，這也是為什麼我們會鼓勵每一位百思買員工思考這個問題。每年百思買會召集全國兩千多位主管前來召開假期購物季領導會議，而「是什麼驅動你？」正是這個會議的核心主題。

令我詫異的是，主管們的答案竟是如此簡單與人性化。他們往往會談及親友和同事，有位銷售訓練師說，驅動他的是「能和我最愛的雪莉奶奶一起看遍世界各個角落」；有位區域經理則分享，是「幫助員工和顧客實現他們的希望和夢想」；另一位人力資源經理則認為，是「教導、發展、協助和鼓勵人們超越他們以為的極限」。鼓勵每個人思考「是什麼驅動你？」似乎不過是件微不足道小事，但在百思買，這的確改變我們看待工作的方式。

了解你個人的宗旨是一回事，領導者還得了解是什麼驅動個別員工，並且如同我們將在下一章所討論的，了解如何讓這些動力與企業宗旨連結起來。二〇一六年，我在一間能夠俯瞰美麗的卡爾洪湖（Lake Bde Maka Ska）的飯店舉辦一場晚宴，以了解是什麼驅動百思買管理團隊的每位成員。這個是我們每季培訓的活動之一，每個人都要帶一張自己嬰兒或幼年時期的照片，並講述這張照片背後的成長故事。

當天稍早的活動中，我們探討了「全力以赴」（all in）的概念。我認為能夠全力以赴的做一件事，一定和我們是誰、以及我們想做什麼有關。所以，我想了解是什麼因素驅動了團隊的每位成員，以及這個因素和他們的人生與經歷之間的關係。我還想知道，我的員工們來自哪裡？為什麼他們喜歡在百思買工作？他們個人的人生宗旨和目前正在做的工作有什麼關聯？如果我無法回答這些問題，那麼我很難說服自己能夠領導這個團隊。

這聽起來或許像個溫馨、但意義不明的團康活動，然而，卻成為我在百思買服務期間最難忘、最深受啟發的時刻。當十個人輪流談論是什麼給予我們能量，又是什麼給予我們人生的使命感，在這個時刻，我們真正彼此緊密的聯繫在一起。我聆聽著每個人描述自己的動力來源，並深受感動。這些力量包括：給家人和朋友無條件的愛、無限度的支持和持續協助他人成長，以及幫助同事嘗試新任務、承擔更多責任、樂見同事的表現超出預期。

整個過程不但鼓舞人心，而且非常**有用**。它發揮了極大的功能，幫助我們為百思買找到偉大又有意義的宗旨，驅使我們持續創造成功。關於這部分，在後面幾個章節會詳加介紹。

★　★　★

讓我們再回頭想想小喬丹和他壞掉的暴龍玩具。這不是一個假想的情境，喬丹和媽媽真的在二〇一九年，來到位在佛羅里達州的百思買分店。聽完喬丹媽媽的說明，兩位店員並沒有敷衍的要她自己到架上找，也沒有直接拿新的玩具給她，而是帶他們去找「醫生」，立刻緊急送暴龍進櫃台後方「動手術」，他們一面向喬丹說明治療「暴龍寶寶」的手術過程，一面偷偷調包成一隻新的暴龍。經過幾分鐘的救援過程後，他們把「完全康復」的暴龍交給開心又興奮的喬丹。對這兩位百思買店員來說，工作的重點不是多賣一個新玩具、多創造一點業績，而是讓小男孩的臉上重新綻放笑容。

將個人的宗旨運用在工作上，就能改變我們看待工作的方式，影響我們投入工作的程度。你可能會問：「如此一來，工作就會變得更順利、更有趣嗎？」這倒未必，每個人都會有不順心的時候，每份工作都有其困難與挑戰。個人的宗旨感當然不是激發工作熱情的唯一因素，所以這本書的內容不會只有前兩章。

不過，如果能用更廣大的意義來看待每天的工作，就能為我們注入能量、動力與方向。無論現在的你是泥水匠、動物園保育員、百思買員工或執行長，這都將是一個好的開始。

請思考以下問題

- 是什麼因素驅動你的行動？
- 你想蓋什麼樣的「教堂」？
- 你希望你的訃聞上寫著什麼？
- 對你而言，「你所熱愛」、「你所擅長」、「這世界需要」以及「能有所回報」之間的交集是什麼？

第三章　完美的問題

這世上沒有完美這回事。懂得這道理就是人類智慧的勝利；
想要獲得完美則是最危險又瘋狂之舉。
——阿爾弗雷德・德謬塞（Alfred de Musset）

「追求完美是很邪惡的事！」山謬爾神父說。

我們兩人在我位於巴黎卡爾森嘉信力旅遊的辦公室聊天。幾個月前，我請山謬爾神父來為公司的一些高階主管打氣，從屬靈的角度來思考經濟和社會問題。那天，我和神父正在準備下一堂課的內容。我不記得我們談話的細節，但至今依然清楚記得他這句話，以及這句話為我帶來的深遠影響。

「什麼意思？」我問他。

山謬爾的觀點與宗教密切相關。他告訴我一個故事：某天，上帝最寵愛的天使確信自己完美無缺、無人能出其右，因此他變成了魔鬼。「如果你無法接受自己既不完美又脆弱、需要接受幫助的事實，你就無法真正的愛別人、無法與他人發展關係。」山謬爾神父說。

我大感震驚，因為這違背我過去的認知。我這輩子都努力追求卓越。我母親決意培養在我身上看到的潛力，不斷敦促我做得更好、爬得更高，她灌輸給我的是未來充滿完美和榮耀的成功願景。學校也訓練我要追求完美，要變成全班最好、最聰明的那個學生。我的老師全都著重在訓練學生戰勝錯誤和不完美，並拿著紅筆把它們一一標出來。聯合考試看排名，要考得比別人好才能進名校，進了名校就能找到好工作。找到了好工作，想在大公司裡少年得志，就得足智多謀，千萬不能犯錯。這一切全都是將「完美」當成努力的目標。

讓我意外的是，此時我卻發現山謬爾神父的觀點很有道理，我們讀書會裡的其他執行長也這麼認為。神父的話語之所以引起共鳴，是因為我們多多少少都將工作視為追求完美。

一直以來，我們把「追求表現」和「追求完美」混為一談。追求卓越的經營表現確實是件好事；期許人能達到完美卻不是件好事。每次我邀請山謬爾神父來為主管上課，這都是讓大家印象最為深刻的重點。

根據我的企業教練馬歇爾．葛史密斯（Marshall Goldsmith）的說法，在二十個阻礙領導者更成功的「行為怪癖」中，追求完美的影響尤其嚴重，會讓你成為一個無時無刻只想證明自己最聰明、凡事都一定要贏、不管任何問題都堅持一定要親自插手的人。[1]事實上，我們這些葛史密斯的客戶聚在一起時，經常聊起和他合作之前的自己是多麼痛苦。每當聽完別人的分享，便會有人說：「那不算什麼，我的情況更糟！」大家爭著說自己才是最差勁的完美主義第一名。

雖然我認為山謬爾神父的話很有道理，但卻花了好幾年時間，才能將他的智慧化為行動。當時的我有個疑惑：「如果工作是人性中的重要元素，是追尋人生意義的解答，那麼追求完美何錯之有？」先不論這個觀點在宗教上可能被視為「邪惡」，我在日後的經驗中了解到，我們在工作中對完美的追求，即使是為了實現人生宗旨，最後仍將適得其反。

讓人困擾的意見回饋

在我早期的職業生涯中，往往完全不理會別人對我的意見，尤其是那些告訴我還有哪些地方待加強的意見。相反的，我會把時間花在調查這些意見是誰提出來的，看看**他們**是有什麼問題。

我第一次獲得來自團隊成員的回饋意見，是在麥肯錫顧問公司的時候。在我看來，就各方面來看，我都是個相當成功的顧問：我三十歲就當上合夥人，比其他人年輕許多。那次是由我的團隊評估我，指出我有哪些表現高於平均、哪些低於平均。

我從來沒想過自己會有低於平均的地方，但結果卻真的有！對我而言，這有如晴天霹靂，我怎麼可能會有未達標準或必須改進的地方呢？當時的我不知道該如何回應這些意見，所以我置之不理。

這麼做顯然無法幫助我進步。即便日後我協助威望迪成功轉型，又於二〇〇四年當上卡爾森嘉信力旅遊執行長，依舊不知道該如何處理別人對我的意見。在我看來，每件事都進展得十分順利，公司規模成長三倍，獲利能力提高五倍，新客戶源源不絕。當時商務旅遊業正經歷顛覆性變革，從機票代理的家庭手工產業，變得更複雜、更科技導向，客戶也多半轉為企業。我擔任管理顧問多年，又有任職於電資系統法國分公司的經驗，自然覺得我對卡爾森嘉信力的業務瞭若指掌。我熟悉B2B服務、熟悉資訊科技服務、熟悉人力資源與績效管理，因此我理所當然能讓公司業務蒸蒸日上！

然而這正是問題所在。我以為我知道一切的答案，於是往往只看得見別人的不完美，將他們視為障礙，而非最佳夥伴。我相信我的能力比他們更好，所以每當有人與我分享提案或商業計畫時，我一定要好好的教導他們還有哪些需要改進的地方。我後來才知道，葛史密斯將這種行為稱為「添加太多價值」。我毫無自覺的告訴我的團隊成員應該怎麼做。多年來，我以為自己一直努力的幫他們解決問題，但現在回想起來，我的行為卻是在一直深深的打擊他們的士氣。

當時我並不這麼覺得，不過卻有跡可循：有次在卡爾森嘉信力旅遊的公司聚會上，人力資源部門的主任發揮他慣有的幽默感，做了一張表，表上每個欄位都有我的名字。大家笑得很開心，但我感到很生氣。過了沒多久，員工意見調查提供更直接的訊息，調查結果顯示，我的部屬覺得他們在工作上並不投入，這讓我相當受傷，尤其從相對比較來看，全公司的員工投入程度相當高。

我陷入心理學家所謂的「認知失調」（cognitive dissonance）：我認為自己的表現很棒，但數據卻顯示我還有改進空間。認知失調是如此令人難受，因此人們通常會努力調和認知上的矛盾。當時我的解決之道就是告訴自己：問題並非出在**我**身上，既然我沒問題，那麼問題肯定出在**別人**身上。

為什麼他們看不到我有多麼厲害？難道他們不知道我做出多大貢獻？當時的狀況令我深感不安。

大約就在這時，山謬爾神父跟我談到追求完美的問題。我能夠理解他的話，而且真的完全認同，但根深柢固的習慣就是很難改變。

我叫喬利，我是個完美主義者，我需要幫助。

接受不完美

幾年後，我當上卡爾森集團執行長，管理旗下包括卡爾森嘉信力旅遊、星期五餐廳（TGI Friday's）、麗笙酒店（Radisson Hotels）等眾多品牌。這時人力資源部主任伊莉莎白．巴斯東尼（Elizabeth Bastoni）問我想不想聘請企業教練一起合作。你應該想得到，我當然不願意。你要找教練來指導我打網球或滑雪還可以，但要指導我工作，那又是另一回事。老實說，如果當時你告訴我有哪個執行長聘請企業教練，我會想：**這個人是不是做錯了什麼？他的公司出了什麼問題嗎？**在我看來，雇用企業教練是補救的做法。我怎麼可能會需要教練？

伊莉莎白向我解釋說，葛史密斯能幫助成功的領導者變得更好，他的客戶名單令人印象深刻。突然之間，我感覺像是有人問我：**我知道你喜歡打網球，而且打得也不錯，你想不想繼續磨練你的比賽技巧？**

我當然想要更好！於是，我開始接受葛史密斯的指導。我學到要將別人的回饋

（feedback）視為「前饋」（feedforward），並選擇我想改進的領域。這是個細微但重要的區別：我不再只是一心改善現有問題，而是主動的選擇我想在哪一方面變得更好。我因此學會感謝別人給我的回饋，告訴他們我打算如何改進，並請他們給我建議。我學會向他們報告進度、聆聽他們對我的想法、請他們提供更多建議。更重要的是，我學會欣然接受我過去通常會置之不理的意見。

後來，我從身邊好友治療憂鬱症的過程中，得知心理學家的研究成果完全呼應山謬爾神父所提到完美、脆弱、愛與人際連結的觀點。事實證明，完美主義對人有害，諸多研究顯示，它與憂鬱、焦慮、飲食失調，甚至自殺有關。[2]

多年來，我要求別人表現完美，卻無視於自己的弱點，這嚴重的限制我人際連結的發展，進而影響團隊的有效分工、合作和領導。相較於那些盲目追求完美形象、過人能力的領導者，脆弱的領導者反而更能啟發員工，因為我們是透過彼此的不完美來建立認同感與關係。

將自己定位為「研究員、說故事的人、德州人」的布芮尼．布朗（Brené Brown）花了二十年的時間研究脆弱、勇氣、羞愧和同理心。她明確的將人際連結與勇氣、同情並列，將它們視為不完美所帶來的禮物。[3]她發現羞愧會阻礙人際連結，當我們害怕自己的不完美被別人發現，就會盡可能減少與他人的真誠互動。相對而言，那些能夠被愛、連結與歸屬感包圍的人，則往往是有勇氣承認自己不完美、願意接納自己弱點的人。[4]這些道理讓我了解到：完美的人代表沒有弱點，但沒有弱點就沒有真正的人際連結。

我還從其他的企業領導者身上學到，追求完美不僅無法創造偉大成就，反而往往成為阻礙成功的絆腳石。福特汽車（Ford）前執行長艾倫·穆拉利（Alan Mulally）十分慷慨的分享他在公司重整之初，是如何鼓勵同事公開承認在工作中遇到的問題。

穆拉利於二〇〇六年當上執行長時，福特公司預估該年度會虧損一百七十億美元，結果他們還真的確實達成目標。誠如穆拉利所說的，公司的預測能力沒問題，但績效卻大有問題，部分原因出自於「畏懼承認問題」的企業文化。於是，穆拉利決定在關鍵績效領域報告中採行「紅綠燈系統」（traffic lights system），在每個星期四召開的商業計畫審查會議中進行討論。領導團隊中的每位成員都得針對他們的團隊目標，在每週進度報告中標上不同顏色：綠色代表一切照進度進行；黃色代表事情偏離軌道，但已經有重回正軌的計畫；紅色則代表績效不佳，而且團隊尚未訂出回歸正確方向的計畫。

穆拉利告訴我們，新辦法上路的頭幾週，報告上全都是綠燈。公司面臨嚴重虧損，但報表卻顯示所有事情都按照原訂計畫進行。於是穆拉利問大家：「你們知道，公司近期虧損了幾十億美元，難道沒有**任何事**出問題嗎？」爾後接任穆拉利成為執行長的馬克．菲爾德斯（Mark Fields），是當時率先冒險承認事情並非一切順利的人。他是福特美洲區負責人，在加拿大推出備受期待的福特銳界（Edge）時遇到問題：進行車輛測試時發現，懸吊系統出現刺耳噪音，而且遲遲未能改善，於是他決定延後上市。在隔週的審查會議中，他把新車上市的業務標成紅色，並說明他們還沒找到解決這個問題的方法。

根據穆拉利的描述，會議在場所有人士全都低頭不語，整個房間空氣瞬間凝結。但穆拉利卻開始鼓掌，並問道：「誰能幫助馬克解決這個問題？」突然間，有人舉起手，說他會立刻派他部門的品質專家前去協助檢查。有人則自願聯絡供應商來查看零件是否有異狀。工程師出身的穆拉利並沒有跟著提供建議，他不爭著出頭，而是仰賴團隊合作。後來，福特銳界的噪音問題很快就獲得解決。

又過了幾次每週例報，終於有愈來愈多的紅色和黃色出現在報告中。此後，所有成員終於能放心的公開承認問題，並相信大家能互相幫忙，一起把計畫由紅色轉為黃色，再由黃色變為綠色。

穆拉利的故事揭露追求完美的另一個問題：沒有人能解答一切問題。在健全的工作環境下，沒有人會害怕承認自己不知道。這個道理非常顯而易見，但許多人還是認為說「不知道」就會被人看扁。記得年少時，我父母的一位經商友人問我一個問題，確切的問題內容已經不復記憶，但我記得當時我給他的回答是：「我不知道。」

我深深的記得他雙眼凝視著我，語重心長的說：「年輕人，我希望你以後在商業界永遠不要說出這三個字，因為這等於承認自己有弱點。你永遠不能示弱，這會局限你的發展空間。」

即便當時的我也信奉完美主義，但依然覺得他說的話完全不合理。不知道就是不知道！這有什麼不對呢？我隨時可以學習、去試著找出答案。這又不是在說自己數學不好或不擅長圖像式思考，而且我也沒說**我永遠沒辦法知道**，我只是「現在」不知道。如果有人問你「上個月的市占率是多少」或「陶德－法蘭克法案（Dodd-Frank Act）第一五○二條的內容是什麼」，你當然可以說：「我不知道。我來查查看！」

穆拉利阻止完美主義在公司內部蔓延，問題才會被承認和解決。亞馬遜公司前執行長傑夫・貝佐斯（Jeff Bezos）說過，完美主義讓人們害怕失敗，因而阻礙創新。「我認為我們公司是全世界最適合失敗的地方。」他在寫給股東信中提到：「失敗和發明是密不可分的雙胞胎。發明需要實驗，如果你事先就知道會成功，那就算不上是實驗。多數大企業認同發明的價值，卻不願意承擔一連串失敗的實驗來達到目標。」[5]

懂得不完美的好處深切改變了我在百思買的工作方式，若非如此，這家公司的轉型就不會那麼成功。本書稍後會說明，百思買在成功的轉虧為盈、展開成長策略後，我們如何努力的將集體思維從完美達標，轉變成史丹佛大學心理學教授卡蘿・杜維克（Carol Dweck）在《心態致勝》（*Mindset: The New Psychology of Success*）中所謂的「成長心態」（growth mindset），也就是說，認為人的才華和能力可以透過後天努力學習而來。

犯錯和失敗是學習所不可或缺的元素，但它們和完美主義水火不容，因為完美主義與

「定型心態」（fixed mindset）有關，認為能力是與生俱來且固定不變的。杜維克將「渴望被人視為完美的心態」稱為「執行長病」，因為很多領導者都有這個毛病。[6]可惜的是，如果我們一心一意只想著營造完美形象來獲得優越感，就會因為害怕失敗而不想接受挑戰，因而錯失學習與成長的機會。

商業界多半追求「最好」或「第一名」，這正是定型心態者的病癥。包括百思買在內，許多企業都有計算和獎勵績效的計分卡和排名系統，不論什麼事情都有排名。「最好」（best）這個字，甚至出現在百思買的英文名稱中。這是一種病，依照心理學家的說法，它助長了追求完美的自我挫敗歷程。[7]獨占鰲頭的觀念意味著這世界是一場零和遊戲，十大菁英或十大企業的座位有限，你得擊敗所有人才能奪得第一。問題是，等到你成功坐上第一名的寶座，之後又如何呢？除了退步，你已經無路可走。當然，在商業上我們必須競爭，有競爭力才能生存。但與其沉溺於和別人競爭，若能與自己競爭、要求明天的自己要比昨天的自己更好，我們將能走得更久、更遠。

無論是工作或領導，想要達成最佳表現就得接受自己的弱點，並從失敗中學習與成長。

我們的目標不是追求第一，而是成就最好的自己。因為，唯有從這些不完美當中，我們才能與人建立起真正的深刻情感。

策略性突破

我進入百思買沒多久，就延攬葛史密斯來指導我的主管團隊，並計劃繼續練習放棄完美主義。我列出我想要改進的地方，邀請整個團隊一起協助監督我的進度。

當時我有個亟待改善的問題：我喜歡跳進那些不需要我的地方，什麼事情都想要插手。例如二〇一六年主管團隊和艾瑞克．普林納（Eric Pliner）教練合作增進團隊運作，當討論到「是什麼阻礙我們前進」時，有人說是我們的策略不夠明確。然後，我又忍不住要插手了。

我認為我們有很明確的成長策略，名稱叫做「建立新藍衫」。在場每個人都有參與策略的發想，董事會也已經通過。所以當我聽到有人說「我們的策略不明確」，這實在令我感到訝異，甚至有點惱怒。我認為這句話是針對我，畢竟我身為執行長，有責任確保公司有明確的策略，而且讓每個人都投入其中。

然而，有人接著告訴我，與目前的「建立新藍衫」相比，二〇一二年的「重建藍衫」是一個更明確的策略。我告訴他，我一直覺得「重建藍衫」不算是策略，它只不過是為了讓公司繼續生存和恢復正常運作的操作步驟。但同事們依然認為「重建藍衫」是個完整策略，它傳遞出一個清楚明確的訊息：不改變，就倒閉。他們說，我們目前的策略缺乏這樣的明確性。

於是我說：「我來想辦法。」

團隊成員立刻異口同聲：「不要！」

他們非常明白，問題出在**他們認為**策略不夠明確，並不是由**我**來插手，讓策略變得清楚就能夠解決的。理想的解決方案，應該是要創造一個全公司上下都能共同參與的環境，確保每個人都能理解我們的策略，並在每天的工作崗位上付諸實踐。我不必插手解決每個問題，做出不該是由我做出的決定，但我就是有種想要試著解決問題的衝動。

我們和普林納合作的任務之一，是釐清誰該為哪些決策負責。我們採行RASCI模型，來弄清楚在各種情況下，誰應該「負責」（R，responsible）、「當責」（A， accountable）、「支援」（S，supporting）、「諮詢」（C，consulted）或僅僅被「告知」（I，informed），關於此點，我會在第十一章詳述。

對我而言，這是一大突破，更是當頭棒喝。我剛當上執行長時，這家公司正在走下坡，需要由我果斷且快速的做出決策。然而，現在一切已經重回正軌，我們有非常能幹的團隊，大家彼此尊重、相互信任，決策不需要全部**由我**來拍板定案。我打拚多年才有現在的成就，而如今，我準備好放棄追求完美，這對我和公司來說都是一大解放。經過兩位教練的指導，以及透過廣泛的閱讀和聆聽，我終於能夠真正做到山謬爾神父對我的訓示。

★ ★ ★

改變我們看待工作與投入工作的方式，是個人轉變的旅程。對我們而言，工作既不是對個人的詛咒或一項苦差事，也不再是追求完美，而是實現自我目標的途徑。從第一線人員到執行長，這段旅程由公司的每一個成員共同展開。

唯有如此，我們才能真正開始企業轉型，釋放出集體的人性魔法。

請思考以下問題

- 你經常為自己的哪些行為找藉口？你是怎麼發現的？
- 你如何看待別人對你的意見回饋？
- 你如何決定要精進你想要做得更好的事情？
- 你是否把你想要精進的事情告訴團隊？
- 你獲得了哪些幫助？

第一部我們談到，企業的重建始於將工作視為我們追尋意義與夢想的解答。在第二部中，我們將進一步探討，在今日的商業環境中，傳統上將「為股東創造最大價值」視為企業主要目的的觀念為何是錯誤、危險且不適當的。實際情況與傅利曼所宣稱的恰好相反，企業存在的目的並非賺大錢，而是服務所有利害關係人、為共同利益做出貢獻。

企業並非沒有靈魂的實體，而是一個以人為本、為共同目的而奮鬥的人性組織。這種新的企業觀不僅適用於諸事皆順之時，在這個充滿挑戰的時代中更顯其重要性。事實上，百思買正因為抱持著這種企業觀，才得以成功轉型、浴火重生。

第二部

宗旨型人性組織

第四章　股東至上的暴政

財富顯然不是我們尋求的幸福，它的功用只是為了換取其他東西。

——亞里斯多德，《尼各馬可倫理學》（*The Nicomachean Ethics*）

二〇一九年十二月，我和孩子們依照每年慣例一起過節。這一年和這一個世代都將步入尾聲。我的兒女都已三十多歲，擁有各自的家庭；而我在幾個月前剛過完六十歲生日，並卸下百思買執行長職務。這對我們大家來說，都是個省思的時刻。

全世界發生的大事讓我們心情沉重：災難性的森林大火才襲捲過巴西亞馬遜叢林及美國加州，此時又在澳洲新南威爾斯和維多利亞州瘋狂肆虐。而社會上的野火也燒得炙熱，法國針對燃料價格上漲的抗議活動已經延續好幾個月，現在又因不滿政府提出的退休金改革而引發全面罷工。群眾的抗爭則在黎巴嫩、智利、厄瓜多、玻利維亞等地陸續爆發。經濟的動盪和人環境日益不平等又助長全球民粹主義興起，對於氣候變遷的覺醒更激起全世界的抗議浪潮，瑞典環保少女格蕾塔．桑伯格（Greta Thunberg）因此寫下傳奇。

在晚餐桌上，我的兒子和女兒談到過度消費與資源浪費導致全球暖化。他們提到，這一代年輕專業人士紛紛轉而從自行創業中尋找靈感和成就感，因為人們對傳統大型企業雇主的期待已然幻滅。他們都覺得政府和企業在氣候危機議題上努力不足，對眼前問題的急迫性似乎完全無感。他們不禁擔憂：幾十年後，他們和子女將生活在一個什麼樣的世界？

顯然的，未來存在許多變數，但我們相當清楚一個既存的現實：現有的資本主義體系和企業營運方式已經不再適用。

認為現有經濟體系已經陷入僵局的人並不只有我的兒女。許多調查一再顯示，社會不平等和環境危機讓民眾對於資本主義更加失望，尤其是年輕的一代。[1]當然，資本主義造就無與倫比的經濟發展、促成卓越與創新，並讓數十億人擺脫貧困。但不可否認的，我們正面臨著危機。[2]事實上，二〇二〇年一月在達佛斯（Davos）舉行的世界經濟論壇（World Economic

Forum）中，針對氣候變遷和不平等議題，向來直言不諱的「賽富時」（Salesforce）執行長馬克・貝尼奧夫（Marc Benioff）就宣稱：「我們所認識的資本主義已死。」

此時此刻，我們需要重新思考，新的經濟體系究竟應該如何運作。

一九七八年，我在商學院學到的第一件事，就是「企業存在的目的，是讓股東價值最大化」，此後，我一直對此深信不疑。我所受的訓練著重在擴大營收的併購技巧，根本沒思考過企業在社會中所扮演的角色。高中和剛上大學時上過的歷史、哲學和道德倫理課程已經從課表上消失，再加上我還選修會計和財務分析兩門課。我清楚記得當時在課堂上玩過的策略遊戲，只要誰賺得最多，誰就是最後的贏家。

一九九〇年代初期，我被調到麥肯錫紐約分公司的時候，我依舊秉持著這樣的思考方式。儘管金融危機和銀行醜聞時有所聞，但這種信念依然在我心中根深柢固：我們身為策略顧問，主要目標就是為客戶創造最大的股東價值。

讓這種信念歷久不衰的最大功臣，就是二十世紀最有影響力的經濟學家傅利曼。一九七〇年九月，他在《紐約時報》（*New York Times*）撰文指出，企業有一個（而且是唯一的）一個）「社會」責任，那就是：「為股東創造最大利潤」。他認為，那些斥責企業不該只想賺錢，主張企業應該負起提供就業機會和避免汙染等社會責任的人，都是在宣揚社會主義。[3] 傅利曼的觀點有個顯而易見的優勢：它很簡單。企業只有一群人要取悅，那就是「股東」；企業的存在只有一個目的，那就是「利潤」。

數十年來，傅利曼的說法被企業奉為信條。一九九七年，全美最大且最具影響力企業的執行長們在商業圓桌會議（Business Roundtable）中聲明：「商業圓桌會議希望在此強調，企業的主要目標是為企業擁有人創造經濟報酬。」[4]

然而擔任麥肯錫顧問期間的我，觀念開始有所改變，後來管理其他公司的經驗更證實我在麥肯錫後期的想法是對的。現在的我更加確信，我和孩子們在餐桌上所提到種種問題的根源，就是「股東至上」。賺錢當然非常重要，而且是優質管理所帶來的自然結果（第五章會提到）。然而，若將獲利視為企業唯一目的，那肯定是大錯特錯。主要的原因有四：第一、獲利不是衡量企業表現的好方法；第二、只關心獲利非常危險；第三、只關心獲利會引起顧客和員工反感；第四、獲利不利於個人心靈。以下我們分別來談談。

獲利不是衡量企業表現的好方法

獲利並未考量企業對社會的影響。即便廢棄物或碳足跡帶來的總成本確實存在且令人痛苦，但卻不會出現在財報上。例如，使用一次性塑膠瓶的飲料公司，並不需要承擔塑膠廢棄物汙染海洋的成本；一間以煤炭為主要燃料來源的公司，其獲利數字也完全無法反映它為人類健康和自然環境帶來多少外部成本。

即使單就公司內部來看，獲利也可能是錯誤的經營績效表現指標。二〇〇三年四月，我擔任威望迪公司副總裁並負責管理公司的財務報告和計畫後，就發現到原來企業的會計標準竟然可以如此寬鬆。

當時公司內部環境相當混亂，集團在經歷一連串併購後面臨流動性緊縮，前執行長尚馬利・梅西耶（Jean-Marie Messier）在九個月前就已經出走。無獨有偶，公司的稽核單位安達信會計師事務所（Arthur Andersen）因安隆（Enron）醜聞案而倒閉。威望迪決定在美國與歐洲發行高收益債券，來延長現有債務的到期日，以便在沒有現金的壓力下出售部分公司資產。在銷售高收益債券前，我們必須先完成公司的帳目結算。

我和公司新請來的會計公司一起打開財務報告，驚訝的發現收益數字和實際情況明顯脫節。例如，根據會計規則，母公司可以將掌控的子公司營業收入全數納為自己的營業收入，就算它擁有的只是部分股權也無妨；相反的，沒有掌控的公司，就算母公司擁有的股份再多，也不得納入其營業收入。威望迪有一些持股不多但獲利亮麗的公司，像是SFR電信（持有四四％）和摩洛哥電信（Maroc Telecom，持有三五％）等行動通訊商，並一直趁便合併報表。同時，有些持股比重超過五〇％但不賺錢的公司，像是波蘭的PTC電信公司和網路平台威薩威（Vizzavi）則完全不被納入財報。因此，財務報告的做法雖然完全符合會計準則，卻使威望迪的營收膨脹，讓獲利數字與實際上的事業健全度脫鉤。

此外，許多能夠造就健全事業的關鍵因素，例如積極又熟練的員工是一家公司最重要的資產，就無法從獲利數字中看出。敬業的員工是驅動百思買成功轉型、穩坐業界第一的動力，但這無法顯示在資產負債表上。因此，就像沃爾瑪（Walmart）執行長道格・麥克米倫（Doug McMillon）在二〇一六年所做的，或我們在百思買的做法，企業投資無形的人力資產會侵蝕短期獲利，然而投資土地或工廠等有形資產，可以花上幾年時間來攤銷。

只關心獲利非常危險

獲利就像病人的體溫，是由其他潛在疾病所引起的症狀，而不是疾病本身。只關心症狀是很危險的事。想想看，如果醫生看病時只管體溫是否維持在正常範圍，那麼不想被診斷為發燒的病人，自然很可能會拿冰過的體溫計來量體溫。

這是個很容易操作的遊戲，而且手法不限於公司會計。我可以減少投資人力和其他可以使顧客直接受惠的資產，以便讓獲利最大化。這麼做確實有效，但效果不會持久。減少支出雖然能讓短期營收數字變得亮麗，但卻會侵蝕企業長期的體質。這正是百思買在二〇〇九年到二〇一二年發生的情況，公司大幅縮減店面支出、在電子商務上的投資少得可憐，同時用盡各種方法提高產品價格。此舉確實在短時間內挹注公司獲利，但最終顧客再也不願忍受難用的公司購物網站，以及我當初去買手機時所體驗到的那種差勁的服務。在通往破產的道路上，滿滿都是像西爾斯百貨（Sears）那樣的零售商，他們只重短期利益，不願投資人才和服務品質。如接下來的幾章所示，百思買的例子證明：重視人才與顧客，才能創造永續成功。

一味著重「數字達標」也會扼殺創新。史丹佛大學的研究顯示，科技公司在股票首次公開發行（IPO）後創新速度降幅高達四〇%，因為一旦有了市場壓力，經理人就會變得更加謹慎。[5]

若一心想要達到某個獲利數字，就有可能會在市場衰退期錯失進攻機會。二〇〇八年金融風暴期間我任職於卡爾森集團，當時飯店業受創慘重，我卻見到萬豪國際（Marriott）、喜達屋集團（Starwood）等產業龍頭持續加碼投資，完全不顧短期獲利可能受到的侵蝕。

當然，財務績效非常重要。獲利能夠創造出空間與時間，而未達市場預期的上市公司股價會迅速下跌。例如，二〇一四年一月，由於假期購物季的銷售數字令人失望，百思買的股價從三十九美元跌到二十五美元，我還得安慰自己還好股價在去年已經從十一美元漲到四十二美元。市場反應快速，而且在短期往往會過度反應。長遠來看，拿不出財務績效的執行長終將下台，不賺錢的公司注定要關門大吉，這種壓力雖然不容忽視，但也不能作為短視近利的藉口。

它們更不能作為不法行為的理由。二十年來不斷爆出企業醜聞，從安隆公司不堪一擊的真相、福斯汽車（Volkswagen）舞弊事件、富國銀行（Wells Fargo）醜聞等等，全都是過度關注數字所導致。二〇〇八年的金融風暴更是大規模錯誤行為的惡果，顯示用這種錯誤的方式管理企業有多麼危險。

只關心獲利會引起顧客和員工反感

消費者既聰明又嚴格，他們和我的兒女一樣，對企業抱持很高的期望。他們只想與值得尊重與信賴、富有道德感、積極投入改善周遭社會的公司往來。[6]我的兒女在餐桌上提出的論點之一，是他們購買的產品總是被強迫淘汰，科技公司很快就停止支援舊產品，服飾零售商不斷快速汰換產品線，也就是所謂的「快時尚」。他們認為這些手法都只是賺錢策略，對消費者和地球一點好處也沒有。

從食品業到時尚業，許多產業都感受到因應氣候變遷的壓力。對全球暖化的擔憂也改變人們的行為和消費習慣。在新冠肺炎重挫航空業之前，五個人當中就有一人表示，他們為了環保而減少搭機次數。[7]「拒搭飛機」（flight shame）運動已經從瑞典流行到世界各地，這樣的趨勢實在不容小覷。

員工也開始敦促雇主為改變社會和環境做出貢獻。例如，二〇一九年九月，亞馬遜公司員工向公司進行一連串施壓，要求他們積極降低碳足跡、停止為石油產業提供服務，並且不再支持那些否認氣候變遷的政客。

就連股東（那些因企業只關心獲利而受惠的人）也不再短視近利，開始認為做個好公民最終會讓企業受益。全球最大的資產管理公司貝萊德（BlackRock）已經將「永續性」（sustainability）納入新的投資標準，執行長賴瑞・芬克（Larry Fink）在二〇二〇年致股東信函中，說明氣候變遷創造投資風險時寫道：「氣候變遷已經成為影響企業前景的決定因素……我們的投資信念是，結合永續性和氣候的投資組合，能為投資人提供更佳的風險調整後收益。」[8]

世界經濟論壇《二〇二〇全球風險報告》（*2020 Global Risks Report*），則針對企業領導者、非政府組織（NGOs）和學界的意見調查顯示，未能減緩與適應氣候變遷將是全球未來十年所面臨的頭號挑戰。[9]

股東的期望正在改變，因為投資人並非沒有靈魂、眼中只有下一季業績的實體。股東是人或由人所組成的組織（例如機構投資人，以及負責保障他人財務安全和退休金的共同基金），他們是彼此獨立的個體，有著各自不同的投資目標與時間規畫。另一方面，這群人同時也是消費者和工作者，所有人居住在同一個星球上，對於人類的未來有著相同的願望與擔憂。[10]

投資人摒棄「股東價值至上」的觀念不光是空談。納入環境、社會和治理標準來進行投資與管理的資產，在二〇一六年為二十二．八千億美元，到了二〇一八年初，則已經增加到三十．七千億美元。[11]此外，愈來愈多氣候因素被納入財務報告，影響著投資人的決策。[12]這是未來的大勢所趨，顧客、員工、甚至股東都在重新設定他們對企業的期望。

只關心獲利不利於個人心靈

一九九九年初，當時我還是電資系統法國分公司總裁，參加了一場由新任集團執行長於美國德州公司總部所主持的首場領導會議，聽他展示公司未來的營運策略。整場簡報乏善可陳，唯一的貢獻就是讓我更加確信，傅利曼學說是錯的。最後新任執行長請大家提供意見，我只指出財務業績不能是我們唯一關注的重點。然而接下來的幾個月，這位執行長的種種做法卻不斷加深我的疏離感，讓我毅然決然離開電資系統。

假如我在二〇一二年剛進百思買時告訴全公司：「我們的宗旨是要讓每股盈餘倍增到五美元。」你認為會發生什麼事？

我有充分理由相信，結果將是什麼也不會發生，因為當我問百思買員工是什麼驅動他們，沒有一個人回答「股東價值」。這絕不會是讓人們每天跳下床準備上班的原因。如果我們想讓員工更投入工作，就得認清他們的靈魂並非包裹著股價。

請務必記得，工作不必是苦差事，也並非是對人的詛咒，而是對於意義的追求。為股東賺取最大利潤，不是人們所追求的人生價值，無法治癒我們在第一部討論過的「無心工作」傳染病，更無法驅動人們全力以赴去拯救像百思買這樣的公司。

我的意思並非不用關心獲利。公司當然**必須**賺錢，否則無法生存。有些時候專注盈虧是件好事，例如，當公司嚴重虧損、面臨存亡之秋之際，當務之急還是得先設法幫公司止血。此外，知道這間公司如何及為什麼賺錢，有時也能發揮很大的幫助。

但更有幫助的，依舊是必須摒棄對於獲利的**執念**。真正的損益觀念應該是：獲利的確非常重要，但它是結果，而非目的本身。

你可能會問，如果企業的存在不是賺錢，那麼企業的宗旨到底是什麼呢？要回答這個問題，得先思考我們該如何開始改造資本主義，讓企業從裡到外徹底轉型，並協助員工一起創造我們共同的未來。如此一來，我們就能開始回應我的兒女（也許還有你的兒女和全球數以百萬計的人們）在餐桌上提出的願望與擔憂。

對我而言，這趟旅程起始於一九九三年。當時我與其他人圍坐在另一張餐桌旁，一場有關企業本質的對話，開啟了我那被蒙蔽的雙眼，讓我開始看見真正的企業初心。

請思考以下問題

- 你是否相信企業存在的唯一目的是創造最大獲利，而且只要對股東負責？如果是，為什麼？如果不是，那又是為什麼？
- 你是否認為貴公司的顧客、員工和股東的期望已經改變？如果是，公司是否有做出相應的改變？

第五章 以宗旨領航的企業

不，大人，這不是叛亂。這是一場革命。

——法國社會改革家弗朗索瓦・亞歷山大・弗列德利克（François Alexandre Frédéric de La Rochefoucauld-Liancourt）於一七八九年攻進巴士底監獄後的早晨對路易十六說的話

「企業的目的並非賺錢！」甫獲漢維布爾電腦（Honeywell Bull）任命為執行長的尚馬利・迪卡彭崔（Jean-Marie Descarpentries）這麼說道。當時是一九九三年，我還在巴黎的麥肯錫工作，我和同事們邀請迪卡彭崔共進晚餐，以了解我們能如何幫助他勝任愉快。我進入業務模式，打算花整晚時間了解他的考量，並推銷我們的業務。

然而，迪卡彭崔和我們分享的，卻是他最近參加的一場法國執行長聚會上的見聞。他用一貫以來既生動又熱情的表達方式，與我們分享他對企業和經營的觀點。

企業的目的不是賺錢？

我手中的叉子硬生生的在半空中停了下來。他的話語和主流商業的基本設想背道而馳，完全違背我在商學院及管理顧問生涯中所學到的一切。若是如此，那麼股東怎麼辦？傅利曼的學說難道會錯嗎？

迪卡彭崔一面大啖牛排、品味著紅酒，一面向在座滿臉問號、心存懷疑的顧問們進一步解釋。他告訴大家：賺錢是企業的責任、也是結果，卻不是終極目標。

在我的感覺，迪卡彭崔所言應該是個很重要的觀點。可是，我回想自己出社會至今，雖然不認為「為股東創造最大利潤」是什麼神聖使命，但現實就是如此。但迪卡彭崔的意思似乎在說還有其他更好的見解，所以我仔細的聆聽。

迪卡彭崔認為，企業其實有三大要務：人員、業務和財務。

這三大要務彼此緊密**關聯**。首先，你得先成就第一要務——員工獲得發展與滿足；接著，才能造就第二要務——忠誠顧客一再回購；然後，就能自然成就第三要務，也就是賺錢。三者間的因果關係如下：

人員→業務→財務

也就是說，「利潤」是前兩項要務所帶來的結果。迪卡彭崔說，三大要務間彼此不相牴觸，真正厲害的企業能同時在這三方面創造卓越成果。

他強調，要務和結果並非**宗旨**，不可混為一談。他說，企業的宗旨是讓員工獲得發展與滿足，並關注顧客的需求。

迪卡彭崔其人其言皆具有強大的感染力，他的想法深深觸動我的心弦。身為一名管理顧問，我很清楚企業在策略上耗費了多少精力，我們總是在研究應該推出什麼樣的產品和服務、如何定位才能更具競爭力，卻幾乎不會想到要闡明一個能夠鼓舞人心的**宗旨**。

終於，我找到真正具有啟發性的答案。

那次的談話讓我得以用全新角度來看待企業，並在後來與迪卡彭崔的合作中，第一手觀察他如何將這些原則付諸實踐。在我離開顧問公司後，從任職於電資系統法國分公司到百思買，這些重要的原則莫不影響著我擔任執行長的信念與方式。在本章中，我先討論這種觀點上的轉變，第六至七章將詳述它的實際意義。

從利潤到宗旨

第四章強調過，我們急需徹底改造資本主義。好消息是，我們的確有能力做到這一點。多年來，我以迪卡彭崔等人的明智見解為基礎，透過一次又一次的經驗實證，為重建企業與資本主義找出一套確實有效的經營方法。

這套方法主要是致力於從「利潤」到「宗旨」的重大轉向：我相信企業應該關注的是宗旨、員工、與利害關係人的關係，而非利潤（至少不該把利潤列為首要之務）。企業並非沒有靈魂的實體，它們是由一群為共同目的而奮鬥的個人所組成的人性組織。當成員的共同宗旨和他們各自尋求的意義一致時，就會釋放人性魔法，創造出卓越的績效表現。

下圖說明了這個道理：

位於最上方的是「崇高宗旨」。所謂「宗旨」就是企業存在的原因；而「崇高宗旨」一詞，則是借用麥克勞德提出的概念[1]，是指企業為人類生活與共同利益所做出的正面影響。共同利益是企業的核心焦點，表現在企業所做的每一件事情上。當企業為共同利益而努力，自然能夠創造更好的營收與利潤。

在圖中央的虛線方塊中，

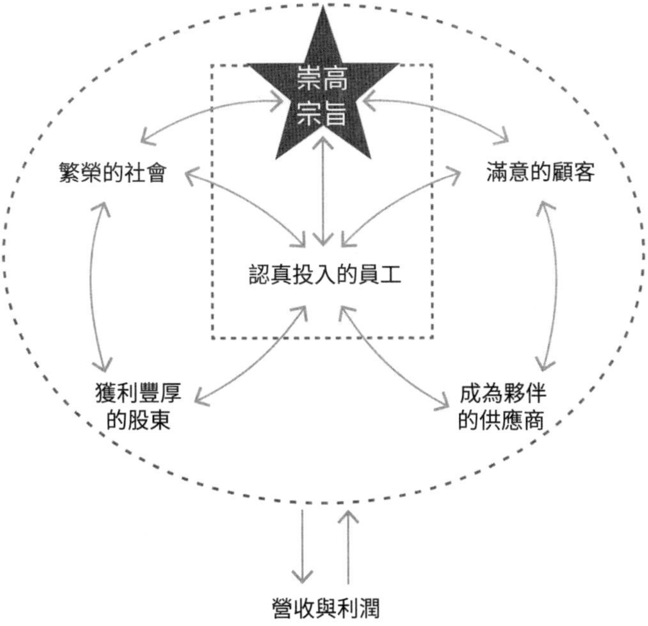

宗旨型人性組織的互賴宣言

員工一同齊心守護崇高宗旨，而顧客也對此深感共鳴。崇高宗旨就像是高掛在空中的北極星，指引著企業的策略與決策的方向。

第二章提到，個人的「人生宗旨」是四大要素之間的交集，這種想法也可以用來思考「企業宗旨」，並與狹義的企業哲學或企業社會責任做出區隔。換句話說，當我們開始思考「這世界需要什麼」、「能讓我們整個團隊充滿熱情的是什麼」、「我們公司擅長的是什麼」，以及「能有所回報的是什麼」，就能找到這間公司真正存在的理由。受到這個概念的影響，百思買發展出評估新業務構想時的四個關鍵提問：

- 它是否符合企業宗旨？
- 它能否讓顧客受惠？
- 我們有能力做到嗎？
- 我們能因此而獲利嗎？

「崇高宗旨」在我的架構中置頂，而員工則位於中心，這是因為商業的祕訣在於：讓最偉大的員工為顧客完成最偉大的工作，從而得到最偉大的成果。員工和他們所從事的工作不能、也不該只被視為生產投入，經濟理論在這方面誤導了我們，沒有人會願意被公司當成沒有生命的生產工具。當人們處在一個能夠發揮個人價值的工作環境，感受到被當人看待、而非**人力資本**，才能開始**做偉大的工作**。

我所提倡的方法是將員工置於企業初心，在公司內部與所有利害關係人（**顧客**、**供應商**、**社區和股東**）之間，建立和培養真誠關懷的關係，這樣的關係不僅有助於實現企業宗旨，還可以為每一位利害關係人帶來偉大的成果。

為**顧客**做偉大的工作的先決條件，在於員工必須把顧客當人看，而非視之為「會走路的皮夾」。從執行長到第一線人員，唯有當所有員工都真心在乎與了解顧客的需求，並知道如何滿足這些需求，才可能為顧客提供良好的服務。這是與顧客建立強大情感連結、塑造品牌熱愛、激發對品牌的信任與忠誠度的關鍵所在。

為了為顧客做出偉大的工作並得到偉大的成果，員工必須視**供應商**為合作夥伴，與他們建立緊密的連結與合作關係。他們是以雙方互惠及服務顧客的原則尋求合作，而不是透過壓榨供應商而提高利潤。

企業需要在繁榮的**社區**中才能蓬勃發展，而來自社區並為社區服務的員工，以及他們所體現的崇高宗旨，正是維繫企業與社區緊密關係的核心。

最後，企業和**股東**的關係本質上也是一種人性連結。股東若非個人，就是以服務人類為目的的人性組織，例如照顧人們財務狀況與退休生活的資產管理公司。

因此，追求崇高宗旨的員工就像是企業的心臟，而企業與利害關係人的關係，則是流通整個系統使其充滿活力的血液。以這種觀念來看，所有要素都被連結在一個緊密且相互依存、彼此相輔相成的系統之中。

利潤是成功策略和良好利害關係人關係品質所帶來的結果，但它在達成使命的過程中也演扮演著不可或缺的角色。當企業獲得足夠的利潤，才能投資員工與創新、為供應商創造業績成長、支持社區繁榮發展，以及提供投資人更好的報酬。

總而言之，這是一套企業與利害關係人之間的互賴宣言。

我對這套觀點及其基本理念備感興奮，原因如下：

第一、它在哲學與信仰層面上都深具道理。我認為它呼應全世界最重要的哲學和宗教智慧，包括亞里斯多德、基督教和印度教等等。

第二、它確實有效，而不光是一套理論或空想。二十五年來，我親眼目睹宗旨型人性組織如何創造偉大的成果。我在幾家不同公司一再見證其功效，包括百思買。

一套有效的方法

百思買之所以能夠浴火重生，主要正是因為我們秉持與執行上述準則，將公司推升到二〇一二年時鮮少有人想像得到的高度。從進行重整的一開始，我們的心態就是如第七章所說的：照顧**所有**利害關係人，並且將我們的崇高宗旨奉為後續成長與發展的核心。

你應該猜到了，如今百思買的企業宗旨並非銷售更多電視機或電腦，也不是打敗沃爾瑪或亞馬遜。

那麼百思買的宗旨是什麼？我們又是如何選定它的呢？

公司在二〇一五年重整完畢後，我們立即開始思考未來的方向。如今，我們終於擺脫溺水狀態，頭已經能浮出水面，可以好好的想一想接下來要往哪裡游。

於是我們在每季的高階主管會議上集思廣益，一同思考該如何闡明我們的崇高宗旨。表達企業宗旨的方式有很多，但百思買的宗旨是什麼？我們該如何定義這間公司，並描繪出它能為世界帶來什麼樣的貢獻？

我們從左腦的理性面向做了許多分析研究後發現，雖然科技創新令人興奮，但許多顧客需要有人從旁協助，才能弄清楚這些科技的功能，以及該如何應用在自己的生活之中。除此之外，我們還必須善用右腦的創意與情感面向，因此我們特別在兩天的異地聚會中，安排一天的晚餐時間，讓大家分享個人的故事及人生宗旨，這使我們逐漸明白彼此共同熱愛的事情是什麼，這正是第二章所提到探索人生宗旨圖中的四大要素之一。

經過大約兩年時間，我們終於找到一個「感覺對了」的企業宗旨，它不僅具有商業意義，而且對全人類都有意義。百思買的宗旨是「**用科技豐富顧客生活**」。我們的做法是在娛樂、生產力、通訊、食品、安全和醫療照護等領域滿足顧客的關鍵需求。

在這個崇高宗旨和人本準則的指引下，百思買展現這套方法有效的原因在於：它能拓展視野、它能鼓舞人心、它能確保經濟活動永續進行、它創造出亮麗的利潤。

這套方法能拓展視野

崇高宗旨創造出寬廣且長遠的願景，有助於開啟新的市場與契機。例如，「用科技豐富顧客生活」是以滿足人類關鍵需求為出發點，讓公司不僅僅是銷售消費型電子產品，還能開展出各種多元化服務，大幅拓展百思買的企業功能與價值。

這種做法還能讓公司能適應快速變遷的世界。二十年之後，即使電視機和個人電腦已然過時，但「用科技豐富顧客生活」依舊為大勢所趨。不管科技如何日新月異，我們永遠不會停止用科技豐富生活。這個宗旨促使公司不會因為比同業好而感到滿足，而是永遠都要成就更好的自己。在這樣的宗旨之下，百思買賦予自己充滿雄心壯志的長遠目標。公司永遠無法做到「最好」，所以百思買永遠不會停止追求巔峰。只要百思買繼續造福所有利害關係人，這段旅程永遠不會走到盡頭。

這套方法能鼓舞人心

你還記得第二章提到的兩位石匠嗎？其中一位認為自己只是在「切石頭」，另一位卻認為自己在「蓋教堂」。這個故事所傳達的道理不只適用於一般人，對於企業也深具啟發性。明確的宗旨不光是策略性工具，還要能夠積極的鼓舞與指引人，才能真正發揮作用。「切石頭」是單調沉悶的工作，「蓋教堂」則是鼓舞人心的崇高宗旨，因為它幫助我們滿足人類對意義的追求。

比較看看，「用科技豐富顧客生活」、「銷售電視機和電腦」和「創造最大股東價值」，何者更能讓你早上迫不及待想起床、一天都充滿幹勁呢？每當我回想起年少時幫蔬菜罐頭貼標籤的那個暑假，總會聯想到韋格曼超市（Wegmans），這是美國一家以「幫助家庭透過食物營造更健康、更美好的生活」為宗旨的連鎖超市，不僅提供平價的優質產品，更以快樂的員工著稱。這就是為什麼清楚且明晰的崇高宗旨，能夠治癒員工「無心工作」的傳染病。

百思買山景分店的藍衫店員安東尼．吳（Anthony Wu）便親身示範「切石頭」和「蓋教堂」心態的不同。有位顧客跟安東尼說她想買耳機，但不確定該選哪一款。安東尼該如何決定回應的方式？他可以直接推薦性能最好且價格最高的那款耳機，或者，他也可以花時間先了解她的需求。

在談話的過程中，顧客發現安東尼願意傾聽她的問題，於是解釋她在吵雜的開放式辦公室上班，很難專心工作。她需要隔離噪音，但又能在必要時與同事對談。安東尼對耳機很有研究，在了解她的問題後，馬上推薦可能最適合她的產品，而且那款耳機一點都不貴。顧客很開心，她感覺自己遇到一個願意傾聽又能幫助她的人。安東尼也很開心，他不是在推銷產品，而是為別人的日常生活做出正面的貢獻。這就是工作上真正的人際連結。

這套方法不僅能夠鼓舞員工，也能激發顧客的忠誠度。賽門．西奈克（Simon Sinek）在二〇〇九年點閱率極高的TED演講中指出，宗旨（也就是你為什麼要這樣行動、做這樣的產品）是優秀領導者和企業能夠脫穎而出的關鍵所在，那些能夠讓顧客產生高度忠誠度的企業，往往都非常善於思考、實踐和溝通他們的宗旨。正如西奈克所說的：「人們買的不是你做了什麼產品，人們買的是你做這項產品背後的原因。」[2]

這套方法能確保經濟活動永續進行

我想特別強調的是：經濟學家傅利曼認為企業沒有處理社會問題的義務，這點我完全無法認同。沒有健全繁榮的社會，就不可能孕育成功的企業。當地球陷入危機，企業也不可能獲得良好及永續的發展。二〇二〇年新冠肺炎席捲全球就是最好的證明，疫情的蔓延為全球經濟活動帶來沉重的打擊，凸顯出健全、繁榮的社會，對企業有多麼至關重要。

我們在下一章會提到，企業其實有能力積極參與並協助解決這些社會問題。而且我堅信所有企業都不該缺席，因為確保環境及社會永續發展不僅是企業所該負起的責任，而且企業也終將因此受惠。

這套方法能創造出亮麗的利潤

我很喜歡一個有關工程師的笑話。

一家公司有兩位工程師，一位是美國人、一位是法國人。法國人給美國人看他的發明成果，並說明背後理論。

「很棒！」美國人說：「但它真的有用嗎？」

然後美國人拿出他的發明，並直接示範操作。

「厲害！」法國人說：「但它的理論成立嗎？」

宗旨型人性組織所採行的經營方法，能同時滿足美國工程師和法國工程師的要求，它在理論上和實際上都確實有效。在我看來，全球最成功的企業多半採行這些準則。以下是我極熟悉的兩個例子，因為我是這兩家公司的董事。

第一家公司是雷夫羅倫（Ralph Lauren Corporation），該公司的宗旨是「**以原創和永恆的風格，喚起更美好生活的夢想**」。創辦人雷夫．羅倫（Ralph Lauren）說：「我所做的，是從你的穿著、你的生活方式、到你熱愛的風格著手，讓你活出最棒的生活，享受充實美好的人生。」[3]這意味著，這家公司不光是服裝公司，還經營生活風格產業，這樣的企業宗旨對於雷夫羅倫的員工來說，遠比銷售服裝更有意義，而且也更為遠大、更加持久。這就是他們在蓋的「教堂」。

第二家公司是嬌生（Johnson & Johnson）。在紐澤西州新朗斯維克（New Brunswick）的嬌生總部大廳，有一座八尺高、六噸重的石英與石灰石板，上面刻了驕生公司全體員工奉行的「信條」（Credo），內容共有四個段落，內容是由嬌生創辦人的兒子於一九四三年公司上市之前所撰寫。

驕生公司「信條」的基本原則，是把服務對象的需求和福利置於最優先事項，它明確訂出嬌生對顧客、員工、股東和地方與全球社會具有的責任。[4]即使信條內容經過多次修改，但基本原則從未改變。對驕生公司來說，「信條」不僅是道德方針，更是做決策的指引明燈，以及創造公司永續成功的祕方。

當企業採行這種經營方法（像是百思買、雷夫羅倫和嬌生等），就能成為「人見人愛的企業」（firms of endearment）——這是拉哲・西索迪亞（Raj Sisodia）、賈格・薛斯（Jag Sheth）和大衛・沃爾夫（David Wolfe）創造的術語。[5]，從全食超市（Whole Food）、3M公司到Timberland，這些高績效企業都是基於崇高宗旨、自我實現和真心的合作夥伴關係，使所有利害關係人受益，從而打造卓越的財務表現。

十五年來，這幾家企業的績效是標準普爾五百大公司的十四倍以上。[6]這證明了企業在努力為人們的生活帶來正面影響的同時，也能交出一份讓股東眉開眼笑的成績單，因為這樣的成功，正是奠基於勇於承擔社會責任的經營態度。

許多研究也已經證實宗旨的效果。[7]《霸榮週刊》（*Barron's*）評為全美百大永續經營公司（包括百思買）在二〇一九年的平均股東財務報酬為三四%，高於標準普爾五百企業的三一・五%。他們的宗旨感和人性觀點指引出優良策略，吸引並留住敬業的人才。他們強大的環境政策拉低了成本，現今顧客花錢買產品不僅是要滿足需求，也愈來愈看重良好的永續作為。[8]

一場醞釀中的革命

企業的宗旨是謀取共同利益，並且照顧所有利害關係人，因此產生「利害關係人資本主義」的口號。這種觀念在近十年來取得重大的進展。

愈來愈多企業領導者採取這種觀點。二〇一八年，我收到貝萊德資產管理公司執行長賴瑞．芬克寫給股東的年度信函。芬克寫道：

> 企業要蒸蒸日上，就不能只是做出財務業績，還得對社會做出正面貢獻，無論上市與否，沒有宗旨感的公司永遠無法發揮全部潛力。9

貝萊德公司一直積極敦促持股公司訂出能對社會產生正面貢獻的廣義宗旨，同時也清楚告知股東，公司本身的商業模式和策略所奉行的宗旨。

我看到芬克的信很興奮，這和我的想法不謀而合。我也很高興芬克親自發聲，用他廣大的影響力來推動改革。這絕對和股東只在乎股價和季報的觀念相悖。

全球最大的資產管理公司都講話了，呼籲企業重視遠大宗旨而非短期利潤、重視所有利害關係人而非只捧著股東、重視長遠視野而非市場短視。這絕對是重量級的呼籲！

同一年，我在寫給百思買股東信函中回應芬克提出的挑戰。我訂出了百思買的崇高宗旨，並在幾個月前的股東會上正式對外宣布。我說明「用科技豐富生活」的想法不僅是我們「建立新藍衫」成長策略的支柱，也是公司與員工、顧客、供應商、環境和地方社區共榮的方法。貝萊德是百思買最大的股東，所以我決定把我的信親手交給芬克，於是那年七月，我來到貝萊德位於曼哈頓中城的總部，並藉此機會感謝他英明的領導。

到了二〇一九年八月，由全美龍頭企業執行長所組成的「商業圓桌會議」發布企業宗旨新宣言。[10]上面寫著：「我們重視每一位利害關係人，當我們致力為他們每一個人提供價值，才能創造企業、社會和國家未來的成功。」[11]這和該組織於一九九七年只重視為股東賺錢的立場相比，可說是截然不同的轉變。這份企業宗旨新宣言共有一百八十一位企業執行長簽名，承諾為顧客提供價值、增加在員工身上的投資、本著良心公平的對待供應商、全力支持在地社區，還有，沒錯，同時當然也要為股東創造長期價值。宣言上如此寫道：「雖然每家公司追求各自不同的企業宗旨，但我們全心為所有利害關係人貢獻的心意，卻是完全相同的。」[12]

我很高興能夠看到這樣的願景在世界各地發揚光大。例如，二〇一九年五月，法國頒布新法，自一八〇四年以來首次採納企業管理者的建議，將民法中對於企業宗旨的定義，修改為股東的共同利益。如今，公司必須認真考慮他們的行動對於社會和環境帶來的衝擊，也要能夠在公司章程中清楚定義存在的理由，也就是除了利潤以外的企業宗旨。

這是一場革命，而且企業以前所未見的力量、資源和共識，共同推動這場重大的革命。根據二〇一七年的營收數字，全球百大經濟體中，有六十九個是企業、而非政府。[13]企業擁有極大的力量和全球觸及度，因此能夠、也必須參與解決問題，協助處理我和孩子們在聖誕節餐桌上所討論的諸多挑戰。

例如，美國退出「巴黎協定」（Paris Accord）時，許多企業主動表示要更快達成降低碳排放量的目標，讓地球和企業都受惠。這種行動主義一定要繼續發展壯大，若能如此，就能徹底改革企業和資本主義。

然而，抱持懷疑態度的依舊大有人在。很多人不相信企業管理者和股東是真心想要發展以宗旨和利害關係人為重的新資本主義型態，認為這只是安撫顧客和員工的空頭支票。

我認為願景與實際情況間的落差，並非發生在說法與想法之間，而是發生在想法與行動之間。就我所知，企業領導者們都真心認為資本主義體系需要改變[14]，也明白如果只是講講好聽話、做做表面工夫，總有一天會被員工、顧客和投資人看破手腳。

但憑立意良善或只想便宜行事都不足以產生必要改變，只會徒增公司網站上空洞的願景和使命宣言。若想打造一個能夠完全釋放「人性魔法」的宗旨型人性組織、為世界帶來正面的影響，是一件非常複雜且艱難的工作。無論你的企業正處於順風或逆風，都需要顧及企業內部的每個層面，並從根本上徹底重新反思我們的管理和領導方式。

這確實並不容易，但我們勢在必行。該如何讓企業做出如此徹底的改變？這正是接下來幾章中，我們所要一同探討的內容。

請思考以下問題

- 你所服務的公司是否闡明鼓舞人心的崇高宗旨？
- 貴公司所闡明的宗旨，是否著重和顧客、員工、供應商、股東與在地社區發展深遠的關係？
- 貴公司所遵循的宗旨得到的成效如何？
- 若效果不彰，該如何改進？

第六章　為企業注入崇高宗旨

魔鬼藏在細節裡，救星也是。

——海曼．李高佛（Hyman G. Rickover），美國海軍上將

年事已高的史丹利經過兩次肺臟移植手術後返家休養。某天，他接到百思買醫療照護專員的來電，詢問他術後恢復的情況。

「我的情況非常好。」史丹利這樣告訴專員。

但專員清楚知道，史丹利的狀況並不好。透過史丹利家中多個感測器傳來的數據，加上人工智慧的分析，能夠推測出史丹利的飲食和睡眠狀況是否正常，以及是否經常走動和使用廁所等等情形。專員發現史丹利開冰箱的次數低於正常進食的次數。儘管史丹利一再保證自

己沒事，但專員接受過專業的高齡者照護訓練，知道他吃得根本不夠。在確認史丹利出現吞嚥困難的問題後，專員立即為他安排相關協助。

當談論百思買的「崇高宗旨」及「以人本為準則」時，總會有人說，美好的理念是一回事，但實際上做起來又是另外一回事吧？每當有人問起這個問題，我就會分享類似史丹利這樣的真實案例。

透過科技幫助年邁顧客享有安全的居家生活，正是「用科技豐富顧客生活」企業宗旨的實際體現。但問題是，該如何確保這個宗旨深植於公司內部，能引導各種業務的發展，並真正的落實在營運之中，就像我們為史丹利所提供的貼心服務那樣呢？

這的確不是件容易的事。我們得讓「崇高宗旨」成為公司策略的基石，照顧且動員所有利害關係人，同時還必須在管理上做相應的調整與落實。事實上，想要達到這些目標，我們甚至必須忘記以往被奉為圭臬的那些真理，從頭思考該如何經營事業。

讓崇高宗旨成為企業策略的基石

百思買「用科技豐富顧客生活」的企業宗旨，不光是個口號，它成功的激發出公司內部大量的創新和成長，並徹底改變我們過去習以為常的策略和經營方式。經過幾個月的密集數據分析，我們決定聚焦在娛樂、生產力、通訊、食品、安全和醫療照護等六大人類關鍵需求。我們深信，要達到「用科技豐富顧客生活」，就必須從這些地方下手，做法就是把業務重點從「交易和銷售產品」，轉變為「發展解決方案和持久的顧客關係」。史丹利所使用的服務，正是這項決定的成果。

我們認為，「為老人提供醫療照護服務」能夠通過四個關鍵提問的考驗：它符合企業宗旨；它能讓顧客受惠；我們能確實做到；它能為百思買創造利潤。全美國每天約有一萬人年滿六十五歲，而且人們愈來愈長壽。雖然有三分之二的老年人患有一種以上的慢性病，但多數人還是希望能盡量待在家裡養老。居家醫療照護服務不僅豐富了年長者的生活，也豐富了他們的子女和照顧者的生活；不僅為顧客提供昂貴的安養機構之外的另一種選擇，也讓醫療保險業因而受惠，協助他們降低額外醫療保險給付的成本。

如果我們當初沒有將企業宗旨與營運策略緊密連結起來，就不會發現「全面技術支援」（Total Tech Support）及「家中顧問」（in-home advisors）等相當成功的服務構想。首先，既然我們的宗旨是「用科技豐富顧客生活」，所以無論顧客的科技產品是在哪裡買的，百思買的「技客小隊」（Geek Squad）都能提供顧客全面性的協助，專員可以直接到府提供科技解決方案，讓顧客不用大老遠跑去店裡。如此一來，百思買專員就是每位顧客專屬的「科技長」。顧客因此能和專員發展長久的關係，讓專員協助他們更加善用科技；而百思買也因此受惠，找到新的方式來協助顧客，同時帶來新的營收和利潤。

當時，很多人看衰百思買，認為我們撐不過二〇一二年，因為當時消費型電子產品的成長陷入停滯，而且愈來愈乏善可陳。的確，要是當初我們將自己定位為「販賣消費型電子產品的商店」，這家公司或許早已不復存在。然而，我們周遭其實充滿著許多機會，選擇從「崇高宗旨」的寬廣視角來思考與制訂策略，就能扭轉全局。因此，我們自二〇一七年轉型成功後，就展開「百思買二〇二〇：建立新藍衫」的成長策略，所有新做法都離不開我們的企業宗旨：「用科技豐富顧客生活」。

不過，從企業宗旨這個角度做策略思考違背不少常規做法。傳統上，企業擬訂策略的目的，就是要成為某領域中的最好或第一，就像奇異公司總能拚到區隔市場中的第一或第二名。我也曾經朝這個方向努力過，在擔任卡爾森嘉信力旅遊集團執行長時，我當時的目標就是讓我們的企業旅遊業務超越美國運通（American Express），奪下第一名寶座。但是，打敗同業不能、也不該成為策略重點，因為這種野心會創造出零和遊戲，局限策略與執行上的各種可能性。更重要的是，這種策略無法有效的鼓舞人心，沒辦法讓員工對於自身工作產生真正的意義感和成就感。

試想，假設你負責為一家醫療險公司訂定策略，而你是以利潤作為該企業的崇高宗旨，那麼最佳的策略就是盡可能減少客戶使用服務的機會，讓公司與客戶的互動集中在收取保費和理賠給付。然而，如果你把崇高宗旨設定為「幫助人們過更健康的生活」，那麼訂定出來的策略將會截然不同。

來自南非的發現全球保險公司（Discovery）就是這樣界定企業宗旨，因而發展出極具特色的「樂活」（Vitality）醫療險計畫，徹底顛覆傳統保險產業的做法。他們運用行為經濟學與臨床科學，與科技公司、零售商店、健身中心等諸多產業合作，提供各式各樣的獎勵、遊戲與活動，鼓勵「樂活」會員鍛鍊身體、重視飲食，並定期做健康檢查。這套商業模式甚至允許根據風險程度來進行保費的動態定價。

結果如何？該企業透過與客戶頻繁且真正能發揮幫助的互動，使得顧客忠誠度顯著提升。有助增進健康的行動計畫不僅減少客戶在醫療險上的負擔和成本，改善客戶與社區整體的生活品質，並為保戶、保險公司與股東創造出更高的利潤，最終，每個人都能受惠於這種「共享價值保險」（shared-value insurance）模式。

照顧並動員所有利害關係人

多年前，在麥肯錫顧問公司作東的一場晚宴上，漢維布爾電腦執行長迪卡彭崔告訴我，在他看來，在「多選一」的問題中，有九八％的最佳解答是「全部都選」。

對當時的我來說，這又是一記當頭棒喝！這世界充滿許多「多選一」的問題，例如：

我們應該著重成本，**還是**營收，**還是**品質？

我們應該照顧顧客，**還是**員工，**還是**股東？

我們應該與供應商合作，**還是**相互競爭？

我們應該考慮環境和社區，**還是**只管利潤？

我們應該關注短期營收，**還是**長期發展？

現在我和迪卡彭崔一樣，認為這些非此即彼的問題只是在自我設限。如果想要創造最大績效，就不能只關心特定群體的利益，而是要照顧並動員所有利害關係人。因此，在思考過後，我們最後的選擇是：

我們該照顧員工**和**顧客**和**股東**和**社區。

如果你和我一樣，長期以來被教導一切要以利潤優先，那麼你或許會覺得上述想法過於樂觀。雖然扭轉零和遊戲並不容易，但確實可以做到。以下是百思買採取的幾種方法。

滿足顧客期待

闡明百思買的崇高宗旨後，我們很快就發現要做的事有很多。多數員工不能理解崇高宗旨對他們和工作會造成什麼具體的影響，然而，一旦員工無法理解，公司的崇高宗旨就沒有實現的可能。

「我們得從內部開始，」麥克．莫漢（Mike Mohan）這樣告訴我。二〇一七年，後來成為百思買總裁暨營運長的莫漢與當時的行銷長惠特．亞歷山大（Whit Alexander）聯手進行公司再造。他說，「用科技豐富顧客生活」的宗旨必須「以人為始」，也就是從我們的員工開始。

於是，我們一同思考：百思買的最佳狀態會是什麼樣子？如果百思買是一個人，他應該是個怎樣的人？為了回答這些問題，我們舉辦一系列工作坊，邀請最了解這家公司的主管們來參加。我們從這些工作坊中逐漸為公司定調：公司透過銷售人員的努力，成為顧客的「良師益友」，幫助顧客明白自己的需求，並了解如何將科技有效應用在生活之中。

然後，我們再進一步界定這位「良師益友」（公司上下所有人都應該包括在內）要如何實現承諾。「具有人味」應該是被期待的行為之一，為了釐清如何實踐這一點，我們在全美各分店舉辦工作坊，選在某個週六上午七點半，邀請各分店員工到店裡開會兩小時。我們讓他們聚在一起看行銷長或執行長精心錄製的影片嗎？並不是。當天，先由分店經理介紹關於「具有人味」的基本概念，然後讓員工們展開討論，互相分享個人經驗，說明自己曾經如何受到某個朋友的啟發。

我參加過紐約市某家分店的工作坊。有位員工提到，她離開對她施暴的男友後曾一度無家可歸，當時，百思買就像是她的家人。我則分享到，自己一直很欽佩我的哥哥菲力普，他總是有用不完的精力，而且為人慷慨大方。

等到他們透過分享，體會到什麼是「具有人味」的經驗後，之後在幫助像史丹利這樣的高齡者或想買耳機的顧客時，每個人都更能設身處地為顧客著想。值得一提的是，公司裡所有人都必須參加這些工作坊，包括董事在內。

這不是我第一次體驗到將員工和顧客置於利潤之前的好處。一九九九年，我剛當上威望迪遊戲執行長後不久，有次出差到爾灣（Irvine）與暴雪娛樂（Blizzard Entertainment）的經營團隊見面。如果你對遊戲有研究，就一定知道這家公司。該公司推出《暗黑破壞神》（*Diablo*）和《魔獸世界》（*World of Warcraft*）等多款暢銷熱賣遊戲，儼然已經成為遊戲界的皮克斯（Pixar）。

當我走進他們的辦公室，就被每個人專心致力於研發偉大遊戲的精神所震懾。這份對於工作的強大專注與熱情，多到簡直要從牆壁滲出來。公司內所有員工，從櫃檯到總裁，全都瘋迷電玩。他們不僅和顧客有直接的連結，而且他們自身也同時是顧客。他們還讓忠實玩家一同參與遊戲的開發工作，真誠的接納顧客給予的意見回饋。他們篤信品質優先，希望自己製作出來的遊戲能為更多人帶來無窮的樂趣。

當我和合夥創辦人暨總裁麥可・莫懷米（Mike Morhaime）坐下來準備談話時，他劈頭就對我說：「我們先說好哦，你不用現在就決定推出新遊戲的時間，」他強調：「在遊戲尚未完全準備好以前，不用急著推出。只要遊戲夠好，延遲上市絕不是問題。」

暴雪娛樂管理團隊相當清楚一件事：財務績效只是結果，公司成功的真正核心，是與顧客之間的關係。暴雪娛樂在全球擁有數百萬名死忠訂閱者，二〇一二年光是《魔獸世界》的每月訂閱用戶就高達一千兩百萬人。因此，如果在遊戲品質尚未達到完美前就倉促推出，不僅會影響他們與顧客之間的關係，還會傷及公司長期的財務績效。我很清楚莫懷米這樣的做法是三贏，不僅對暴雪的顧客有利，對暴雪本身有利，也對我們的股東有利。

與供應商和競爭者合作

許多企業在進行重整時，經常會跟供應商斤斤計較，來降低成本、改善利潤，這一套似乎顯得特別有用，但事實真是如此嗎？和供應商交涉確實需要討價還價，但這並不影響雙方透過合作關係來共創雙贏。百思買之所以能浴火重生的關鍵要素之一，正是來自於和供應商建立的合作關係，而這些供應商包括那些原本應該是被視為競爭對手的公司。百思買的經驗證明了，與外部企業維持合作關係所帶來的成果，將遠遠勝過於將對方視為競爭對手，最終導致零和遊戲的商業觀點。

我剛加入百思買時，公司與多家供應商的關係相當尷尬。從蘋果、微軟到 Sony，都在積極發展自己的零售商店，成為我們的潛在競爭者；與此同時，百思買經營著數千家分店，讓這些供應商的產品更容易為顧客所試用及購買，滿足他們將科技商品化的需求。根據過去在旅遊產業的經驗，我知道供應商也可能成為我們的收入來源。同時，我也需要設法來填補目前額外的成本支出，因為我上任後不久，就為了消弭「展示廳現象」（因為網路商店價格普遍來說較便宜，所以顧客往往會到實體商店詢問及試用，然後回家上網比價再購買），而讓店內價格與線上同步。百思買需要供應商，供應商也需要百思買，既然我們必須相互幫助，何不試著進行策略結盟？

我到任後一週，就把以上想法告訴明尼亞波利斯市《星辰論壇報》（*Star Tribune*），當時擔任三星電子共同執行長的申宗均（J. K. Shin）讀到我的想法，特地飛來明尼亞波利斯市和我見面。我們一起共進晚餐，探討在百思買店裡專設三星「迷你商店」的可能性。這個店中店的做法不僅可望為三星省下寶貴的時間和成本，對於迫切想要試用最新 Galaxy 手機的顧客來說，也有了親自造訪百思買的好理由。三星專注於產品和創新，零售工作則交由百思買來處理，這對兩家公司和廣大顧客來說，都不失為兩全其美的好辦法。晚餐結束時，我和中宗均已經達成共識。

幾個月後，我們在紐約市聯合廣場的百思買商店，推出名為「三星體驗」的品牌專櫃。結果效果非常好！很快的，全國所有百思買商店內都設立三星體驗迷你店，大幅拉升三星在美國的銷售量，也幫助我們抵銷額外付出的成本。

後來，我們對其他供應商運用同樣的模式，包括：微軟、Sony、LG、AT&T、威訊（Verizon）、斯普林特（Sprint）、佳能（Canon）、Nikon 和 Google。這項策略一舉提振了 Sony 原本奄奄一息的電視業務。

二〇〇七年，蘋果公司首次與我們發展出店中店體驗，即使當時他們已經有自己的旗艦零售商店，但此時也決定加碼投資我們的店面空間。二〇一九年，蘋果宣布百思買將為蘋果產品提供服務，為那些住家距離蘋果專賣店較遠的顧客提供服務。無論是對於顧客、蘋果和百思買來說，這個消息都是一大福音，對百思買而言，更重要的意義是：顧客又多了一個必須親自造訪我們店面的理由。

回想起來，如果當時百思買一直以銷售電子產品為企業宗旨，**展示廳現象**可能就足已讓我們倒閉，因為有愈來愈多顧客進百思買的目的是檢視實體商品，然後回家上亞馬遜購買。但我們在重新訂定的企業宗旨指引下，成功的與全球科技龍頭合作，如今，他們自掏腰包在我們店裡設立品牌專櫃，還包辦行銷與人員訓練。也就是說，我們成功的把展示廳現象轉變為**品牌專櫃現象**。

現在你走進百思買，會看到「蘋果商店」、「微軟商店」、「三星商店」，還有「Sony 商店」、「LG商店」與「Google 商店」，還有「亞馬遜商店」。

沒錯！是亞馬遜。那個我們的頭號對手，原本一直想要消滅我們的大巨人。我們一直都有販售亞馬遜的產品，最早是從 Kindle 電子書平板開始。後來亞馬遜不斷擴大產品線，推出各式各樣用 Alexa 控制的產品，於是我們規劃出專屬展示空間，位置就在它的競爭對手 Google 產品專櫃旁。儘管全世界都認為亞馬遜是百思買的生存威脅，但我們卻視其為另一個互惠的合作夥伴，這樣的做法也再添一樁品牌專櫃現象的佳話。

另一個更大的契機出現在二〇一八年，這一次是亞馬遜推出的新 FireTV 平台。我和貝佐斯在記者會上一起宣布擴大合作，記者會地點位於我們在貝爾維尤市（Bellevue）的分店，就在亞馬遜西雅圖總部的對岸。當時，亞馬遜授權百思買獨家銷售內建 FireTV 的智慧型電視，十多款機型只能在百思買商店或亞馬遜網站上的百思買連結買得到。

「選購電視時需要深思熟慮。」貝佐斯在記者會上解釋道：「人們會想到百思買來親眼看看電視，他們會想先親自體驗與試用。」

《星辰論壇報》認為這一刻實在太不真實，報導中寫道：「人們一直相信貝佐斯的公司會讓百思買倒閉，然而，貝佐斯如今卻大力讚賞百思買，承認需要百思買來幫忙他賣自家產品。」[1]

貝佐斯說：「雖然實體店面發展有限，電子商務才能什麼都參一腳，但電子商務也並非無往不利。」[2]這場讓眾人跌破眼鏡的變革，其實不過是將「宗旨」與「人」置於企業核心的自然延伸。貝佐斯告訴我，我們兩家公司多年合作所建立起的互信關係，是他決定繼續深化合作關係的主因。

幫助社區蓬勃發展

相信你已經從第五章了解到，我堅信企業有責任參與社會議題。但是，企業要如何決定該優先追求哪些目標呢？什麼時候該表明立場並付諸行動，什麼時候又不該介入？要如何避免像許多走偏的企業社會責任（CSR）計畫那樣，執行長沒有積極參與，部門之間又缺乏協調，最後淪為一堆彼此不相干的零碎行動？[3]

答案很簡單，關鍵在於要讓企業理念與崇高宗旨保持一致，並且確保社會參與是整體策略的一部分，而非在策略進行過程中隨機出現的想法。以環境議題為例，正由於企業的未來取決於地球的未來，因此，有愈來愈多企業將對抗氣候變遷與環境惡化議題納入經營考量。

令我感到自豪的是，百思買在過去十年間將碳足跡降低了五五％。例如我們為所有分店改裝ＬＥＤ燈，並為「技客小隊」配備油電車，這些做法不僅有助於改善環境，也能幫助我們節省能源成本。同樣的，這也不是零和遊戲。

要發揮重大影響力，就得增加與其他產業的合作。集體行動能更快速的創造出更大作用。如果同一產業內響應人數眾多、產生群體效應，那麼就算再不認同，也無法成為不行動的藉口。例如在二〇一九年八月，在比亞里茨（Biarritz）舉行的七大工業國（G7）高峰會上，包括法國奢侈品牌巨擘開雲集團（Kering）、以及愛迪達（Adidas）、香奈兒（Chanel）、Nike、雷夫羅倫等時尚產業龍頭共同簽署協議，志在改善時尚產業對於氣候變遷、生物多樣性和海洋生物所造成的衝擊。參與簽署的品牌占了時尚產業三〇%的產量。

當初聯合利華（Unilever）前任執行長保羅・波爾曼（Paul Polman）成為想像基金會（Imagine）共同創辦人兼董事長，就是想要追求一種群體效應；這種效應不只發生在企業之間，更發生在企業與非營利組織、政府和救援團體之間。想像基金會讓這些簽署《時尚協議》（*Fashion Pact*）的執行長們齊聚一堂，希冀能快速的達到群體規模。雖然批評者認為這份協議有諸多缺陷，但這種集體一致的行動總算是朝對的方向邁出一步。[4]

處理在地社區不平等現象則是另一個優先事項。在這方面，百思買成立了百思買青少年技術中心（Best Buy Teen Tech Centers），為貧困社區的孩童們提供實用的技術訓練，協助他們做好面對未來的就業準備。截至二〇二〇年底，百思買在全美各地成立將近四十家技術中心。百思買的供應商也熱烈參與這項計畫，強調業界可以運用集體的力量來行善。事實上，企業支持地方社區的方法有很多，但與企業宗旨一致的善舉能成為事業的延伸，這遠比隨意附加的某項公益活動來得更強大、影響力更廣、且更成功。

許多企業則開始思考目前及未來可能關切的議題，並進一步採取行動，這些重要的議題包括：教育、移民和少數族群的權利等等。例如賽富時創辦人暨共同執行長貝尼奧夫，他冒著公司利潤可能受到影響的風險，毅然決定全力支持同性戀、雙性戀與跨性別者（LGBTQ+）人權。這樣的決定對於賽富時這家公司和貝尼奧夫身為執行長的角色而言，無疑是個關鍵的的命運轉折點。然而貝尼奧夫的公開立場卻讓賽富時的品牌能見度大增，也為公司持續創下盈餘新高。此舉也讓所有員工清楚了解公司信奉的價值觀。貝尼奧夫曾表示：「現今企業必須守護價值觀，才能招募並留住人才。」他強調：「未來唯有篤信『價值觀創造價值』（values create value）的企業，才可能獲得成功。」[5]

百思買也曾經公開表示自身立場，這個故事要從二〇一七年八月底的一個早晨說起。那天我在辦公室閱讀新聞，看到西岸幾位企業領導者寫給川普總統和國會領袖的一封信。當時川普政府宣布廢除「童年抵達者暫緩驅逐辦法」（Deferred Action for Childhood Arrivals，簡稱DACA），該法令讓年幼時（十六歲以下）非法入境美國的「追夢者」（Dreamers），能有兩年免於被驅逐出境、合法留在美國讀書和工作的保障。企業領導者們的這封公開信，敦促政治領袖繼續保護這些追夢者，並立法成為永久定案。

我們也和諸多美國企業一樣，有些員工就是所謂的追夢者，華府的政治角力讓他們感到非常憂心，身為企業主的我們必須保護他們。我自己也是移民，因此這件事格外觸動我的心。但更廣泛來看，那些滿懷希望加入這項計畫的近八十萬年輕人，其中有九七％都在美國就業或就學，如今卻得面臨被遣返的命運。這不只是個移民政策議題，更關乎公平與人性。百思買怎麼還沒加入行動呢？

我思忖著，我們得做些什麼，而且得盡快行動。我找來負責媒體公關的麥特・佛爾曼（Matt Furman）。當天下午，我簽署了那封公開信，共同響應那些勇敢站出來發聲、表達立場的企業領導者。同時，我請員工們放心，百思買絕對和他們站在一起，並在需要時全力提供法律協助。

一個月後，百思買與其他企業共同成立「美國夢聯盟」（Coalition for the American Dream），致力為追夢者尋求永久的解決方案。不幸的是，解決方案至今仍無共識，這場戰役仍在法院中持續進行。二〇一九年十月，我們向美國最高法院提交法庭之友意見書，以支持ＤＡＣＡ。二〇二〇年六月十八日，最高法院裁定川普政府不得廢除ＤＡＣＡ，才讓情勢暫時得到緩解，希望接下來我們有足夠的時間，為追夢者思考出永久解決方案。在此同時，我們也會繼續力挺我們認為對的事情。

為股東創造價值

「照顧所有利害關係人」絕不代表就此忽略股東。我想在此特別澄清：真正的問題並非出在股東本身，而是人們傾向將股東視為一個沒人性、沒情感的龐然大物，似乎必須犧牲其他利害關係人的利益來取悅他們。然而，當你將股東當成一個個正常人來看待，就會發現他們並不是大家所以為那種唯利是圖的怪物。

以百思買為例，我們清楚的告訴股東，公司的宗旨並非賺錢。我們於二〇一二年十一月，在宣布「重建藍衫」轉型計畫時特別強調：即使公司最終面臨倒閉，該計畫依然照顧了所有利害關係人。在二〇一九年四月的股東會上，我們又再次重申這點，我相信股東們已經完全理解我們的經營做法。

讓股東接受我們的理念遠比想得還要簡單，因為訂出崇高宗旨與照顧所有利害關係人，也能同時讓股東受惠。八年後的今天，就在我撰寫本書之際，百思買的股價已經從二〇一二年十一月的十一美元，大漲到一百一十美元。

將所有利害關係人置於企業核心，說穿了就是善待每一個人，當然也包括不喜歡我們股票的投資人和分析師。多年來，有個長期追蹤百思買的分析師在我們重整與復甦期間始終維持「賣出」的建議。我們大可為此感到沮喪，憤怒的抱怨為什麼他看不出來我們正在進步呢？

但轉念一想，其實他只是在做他的工作，盡其所能為客戶提供投資建議。所以，我們的投資人關係團隊將這位分析師與其他分析師一視同仁的熱心對待。到最後，他竟然不再堅持，甚至改變了投資建議。當你將每個人都視為你的顧客，視為你需要認真看待其需求的個體，一場真正的革命就此誕生！

★　★　★

當我們拒絕再將商業界視為一場零和遊戲，就會發現「全部都選」的力量無遠弗屆。企業在行善的同時，也能增進自身的發展。百思買全心照顧類似像史丹利這樣美國高齡者的需求，**同時**發展全新業務。我們的電子產品回收計畫節省了珍貴金屬資源，**同時**為顧客提供實用服務，並將人潮帶進店裡。我們投資省電的ＬＥＤ燈，以協助降低碳排放，**同時**節省能源降低營運成本。投資百思買青少年技術中心，幫助弱勢青少年學習技術來支援貧困社區，**同時**幫助百思買實現員工多元化。

我相信無論是追求企業成功，或對抗世界最迫切的挑戰（那些讓我們及下一代困擾不已的問題），關鍵都在於：全心擁抱與動員顧客**和**供應商**和**社區**和**股東，促使所有利害關係人共同追求選定的崇高宗旨。當一家公司的員工開始用心對待所有利害關係人，上述一切都將成為可能。

宗旨導向的管理實務

一旦採取聚焦於企業宗旨和以人本準則的經營模式時，管理實務的重點也要隨之改變。以百思買為例，我們便採行迪卡彭崔的「人員→業務→財務」的觀念。

將這套觀念應用在實務層面，意味著你需要思考如何分配時間與人互動。舉例來說，我擔任百思買執行長時，會進行每月業務檢討，進行的方式卻是先討論員工，接著是顧客，最後才是財務。這種做法並不常見，但能確實反映我們遵循宗旨導向而訂出的重要事項優先順序。每次當我向公司股東報告時，也是依照同樣的順序。甚至在百思買重整期間，儘管公司存亡未卜，我們還是花較多時間在關注人員和如何拯救業務，較少在財務上做琢磨。

我花了不少時間才有此覺悟。我在電資系統法國分公司擔任總裁時，總是花很多時間分析財務報告、問相關同仁一大堆數字問題，還會細讀會議紀錄。我總是喜歡數字和分析，並能從中獲得滿滿的成就感。當時的我儘管已經採行「人員→業務→財務」的做法，但當結果不如預期時，我總會故態復萌。然而，現在的我已然明白這麼做一點用也沒有，只會把團隊搞瘋。讓財務長做他該做的事，是我需要掌握的技巧和紀律。

百思買會定期舉行假期領導會議，讓全國各分店經理齊聚一堂，為即將來臨的假期特賣做好準備。這又是管理實務上必須且可以進化的另一個範例。

在百思買，假期購物季對於公司年度績效非常重要，光是第四季的獲利就占了全年的一半。所以，很多人可能會猜想，該會議的重點應該是放在「如何創造最大業績」。然而我們的會議重點並非如此。我上次出席會議是在二〇一九年秋天，當天會議一開始，就由第一線員工和分店經理輪流分享激勵他們的個人故事。講台不是在會議室的前方，而是在正中央。執行長則是要到第二天才會發言。基於同樣的原因，這場年度聚會總是以慈善活動作為開場，像是為弱勢孩童組裝電腦等等，這個安排在提醒所有人：人才是企業核心，而非財務。

我們改變管理實務的方法還有更改衡量標準。關鍵績效指標（KPIs）應該不再局限於財務或排名。這些年來，我們大量採用與所有利害關係人相關的工具，包括員工意見調查、反映顧客經驗的淨值推薦分數（Net Promoter Score）、碳足跡、多元化程度等等。另外還發展出將環境衝擊納入考量的會計指標，也陸續推出衡量宗旨是否深植於公司實踐的工具。[6]

這些指標確實還不完美，但又有哪一個指標是完美的？不完美絕非不行動的藉口。每當思考那些因指標不理想而躲起來不行動的人，總讓我想起一個老故事。

有個夜歸人發現鑰匙不見了，於是他在路燈下焦急的尋找著。

「你確定鑰匙是掉在這裡嗎？」他朋友問他。

「我也不太確定，」他回答：「但這裡是唯一有燈光的地方。」

即使指標仍不夠完美，我們仍然可以並且應該繼續改進，特別是那些能夠推動內部改革的外部指標。評比機構、財務分析師、投票顧問公司（專門提供股東會投票建議的公司）在評估公司績效和前景時，所考量的指標已經愈來愈廣泛，不過依然存在落差，例如投票顧問公司在評估高階主管薪酬時，還是只用股東回報作為衡量標準。發展並採行更好、更平衡、更被廣為接受的指標，是企業只能前進不能後退的旅程。

★　★　★

你也許會想：以崇高宗旨串連起所有利害關係人聽起來是很理想，但是當遇到經營上的困難時，你還是得乖乖屈就於現實，回歸大家都在用的那套務實做法，不是嗎？

百思買重整的故事已經在在證明，這套方法並非只能用在績效表現良好的公司。下一章我們就來進一步談談，讓百思買得以浴火重生的關鍵所在。

請思考以下問題

- ⬇貴公司的策略如何體現崇高宗旨？
- ⬇貴公司對待員工、顧客、供應商、社區和股東的方式是否符合企業宗旨？
- ⬇你多半採取「多選一」的做法，還是能夠用「全部都選」來面對挑戰？
- ⬇你能否重新看待眼前的問題，找出雙贏的解決辦法？
- ⬇開會時，你通常會先討論什麼議題？是人員、業務，還是財務？
- ⬇貴公司如何衡量與員工、顧客、供應商、社區和股東的關係？

第七章　如何重整企業又不顧人怨

這是最好的時代，也是最壞的時代。

——查爾斯・狄更斯（Charles Dickens），《雙城記》（*A Tale of Two Cities*）

這是個典型的電影場景：公司經營困難；宣布裁員、解雇、重組；華爾街為上述明快處置拍手叫好；數千名員工失業，公司股價大漲。我們都看過這部電影，聽過片中充滿恐懼、憤怒和懷疑的配樂。

更慘的是，這部電影可能還有續集，一間公司有時得經歷多次重整。企業重整已經被視為一種浴血行動、一種競相比爛的競爭、一種惡性縮減員工、支出和顧客服務的行動。

這怎麼說得通呢？

在我看來，將宗旨與利害關係人置於企業核心，以及前幾章所描述的經營方法所帶來的實際效果，並非專屬於成功企業的奢侈品。事實上，這套方法是我基於多年來救援百思買及其他公司所得到的經驗發展而成，是「重整手冊」中的精髓所在。

當我決定聽從希特林的建議接掌百思買時，已經參與過十幾次企業重整，儘管不少在明尼亞波利斯市的朋友覺得我瘋了，但這些經驗讓我有信心展開另一場精采的冒險。

「重整手冊」中的重整原則，和前面提到「浴血行動」所主張的「裁減、裁減、再裁減」正好相反。當一家企業岌岌可危時，員工是成功轉型的關鍵。企業能否生存，完全取決於員工，得看他們是否對於工作充滿熱情，以及他們有多關心顧客和其他所有利害關係人。

不過，我提倡的「以人為本」並非是要大家一起圍著圈圈、依偎在營火旁相互取暖，而是積極動員、充滿幹勁、盡快讓好事發生的那種「以人為本」。

「重建藍衫」是百思買於二〇一二年秋天推出的重整計畫，其故事說明如何釋放人類的能量和連結，這在公司面臨危機與艱困的時期尤其關係重大，具有意義又能發揮效果。不過，我不會依照時間順序來描述事件，而以讓我們成功轉型的原則來劃分：永遠以人為始、以人為終，從而產生人的能量。

以人為始：沒有例外

二〇一二年九月四日是我擔任百思買執行長的第一天，但我沒有去明尼蘇達州里奇菲爾德市的總部，而是開車到明尼亞波利斯市北邊六十公里的聖克勞市，這是一個位於密西西比河畔農業區中心的城鎮。我上任的頭三天，都在這家位在迪威森街（Division Street）上的百思買分店上班。

向第一線員工學習

我不僅是百思買的新人，也是零售業的新人，我知道自己要學習的還有很多。我相信聆聽第一線員工的心聲，是最佳的學習方法。我穿上卡其褲和象徵百思買工作人員的藍色Polo衫，胸前別著「實習執行長」的名牌，第一天上班就忙著與員工會面、傾聽和提問、不時在店裡走來走去、造訪每個部門、觀察銷售人員和顧客的互動，然後問更多問題。

下班後，我和分店管理團隊到附近一家披薩店用餐。我們用了一整個晚上聊天並相互了解，還討論公司目前的策略對他們而言哪些有用、哪些沒用。這些人每天都得和顧客面對面接觸，手邊有什麼策略工具，他們就得用什麼來回應顧客。

他們對於百思買的實際狀況所知甚多，或者應該說，是非常多！例如，席間有位店員指出，公司網站的搜尋引擎是一大問題，顧客很難找到他們要找的東西。她還親自為我示範，在搜尋欄裡輸入「灰姑娘」，搜尋結果跑出一大堆Nikon相機。這實在讓我難以置信。

吃甜點的時候，我得知員工們對於員工折扣在數個月前被取消感到很不開心。許多店員之所以來百思買上班，是因為他們本身熱愛電子產品，公司取消他們非常重視的福利，對他們來說是很大的打擊。更令他們忿忿不平的是，公司明明說要「共體時艱」，董事會卻提供「留任獎金」給部分高階主管，希望他們在公司困境時留下來。

隔天，我和分店經理麥特・諾斯卡（Matt Noska）吃午餐。當天稍早我注意到CD、DVD和電玩遊戲等產品占據很多陳列空間，和我之前臥底購物時所觀察到的一樣。我遞上一張餐巾紙，問諾斯卡是否能大致畫出店裡的平面圖。

從他畫的圖能夠一眼看出，約有五分之一的店面空間被用來陳列早已不敵網路串流的實體影音產品。然而另一方面，行動電話的需求大漲，相關商品卻只占店面空間的一小部分（大約只有四%）。而食物調理機、果汁機、咖啡機等小家電既受歡迎又很賺錢，全美市場規模高達一百六十億美元，而且還在持續成長中。[1]可惜的是，這些產品在聖克勞分店裡幾乎看不到，我只在店內深處的貨架上，找到孤零零的一台果汁機。這些明明都是賺錢的絕佳機會。

我回到店裡觀察顧客，發現他們會去跟穿藍衫的店員聊一下，然後沒買東西就離開。這就是所謂的「展示廳現象」，顧客進店詢問建議和適用產品，然後轉身回家上網購買，因為他們認為網路上的價錢比較低。這樣的現象往往會讓店員深感無力。

退一步想，或許我們該問的是：顧客為什麼應該來百思買消費？

「我們能提供哪些其他零售商無法提供的服務呢？」關於這個問題，我想要知道藍衫店員們是怎麼想的。店員們紛紛提出他們能想出的最好看法，但多半說不通或不怎麼有說服力。這讓我領悟到：公司並未針對這個重要問題提供清楚的答案給藍衫店員們，這意味著顧客自然更不可能知道，為什麼應該要去百思買消費。

某天，我離開分店前，和諾斯卡在他的辦公室裡開會。他告訴我，百思買總部提出高達三、四十種指標來衡量分店表現。從會員卡申請、延長保固，到各類產品配件的銷售數量等等，總部各部門都訂有自己的衡量指標，而且都說他們的指標最重要，但第一線員工和分店經理根本不可能知道應該以哪些指標優先。更別提這些指標根本沒什麼用，也完全不是以顧客為中心。分店員工因此感到不安、困惑、不知所措。我能看出，這件事正在傷害消費者眼中的百思買品牌形象。

我在這段時間裡聆聽員工和觀察店內實務所學到的事情，絕對不是坐在總部辦公室研究報表、和其他主管開會所能得知的。花幾天時間聆聽新同事的心聲、觀察他們的日常工作表現，讓我的心中充滿靈感，知道該如何開始修復公司營運並迅速獲得效果。

當企業面臨困境時，聆聽第一線員工是個非常有效的方式，能夠迅速發現公司有哪些瘋狂的、可笑的、愚蠢的阻礙進步之處，我後來常以此告誡各分店經理：我帶領百思買的轉型，就從聖克勞分店的藍衫店員開始。

遴選適任的高階主管

「以人為始」也意味著要有適任的管理團隊。如果公司的業績好，要歸功於第一線員工；但如果公司的業績下滑，高階主管就必須承擔責任。關於這一點，我認同毛澤東所說的「魚從頭爛起」。

當時百思買正陷入困境，所以高階主管要負起責任，但這不代表我得馬上撤換他們。我上任的第一天就告訴管理團隊，每個人目前的考績都是「A」。他們得自己想辦法保持這個成績。這是一個物競天擇的過程，很快就能看出誰的能力不夠或不願意努力而必須走人。

我們從內部升任幾名高階主管（包括成功發展行動業務的主管），並積極招攬新血。

我很幸運地說服雪倫・麥克寇蘭（Sharon McCollam）來當我們的財務長，她曾經擔任過一間跨通路零售商「威廉索諾馬」（Williams-Sonoma）的財務長和營運長，深獲投資人的敬重，她在電子商務領域有極為豐富的經驗，是個事必躬親、極具實戰經驗的財務主管。智遊網（Expedia）的史考特・杜爾斯雷格（Scott Durchslag）也帶著他的專業和豐富經驗加入百思買的管理陣容，主要負責電子商務部門。

大幅翻新管理團隊也能激勵部屬，讓大家明白公司積極改革的決心。「以人為始」也代表我們得和舒爾茨重修舊好。畢竟，是他一手創立了百思買，而且至今依舊是公司最大的股東。

一個夢想，一個團隊

二〇一二年五月，舒爾茨辭去百思買董事長一職，當時我尚未主動表示有意擔任執行長。等到我九月上任時，他突然發起攻勢，提出將公司私有化的主張，直接與董事會開戰。

我認為公司和創辦人對槓實在太瘋狂，我非常崇拜舒爾茨的成就，也對我們的員工坦承不諱。無論我們是私有化還是上市公司，他一直都會是百思買的創辦人和最大股東，我希望能和他維持正向的關係。我與安德森曾在卡爾森集團董事會共事，他一直是舒爾茨的左右手，並在二〇〇二年到二〇〇九年擔任百思買執行長，我請他介紹我和舒爾茨認識，他答應了。

十月，距離我在聖克勞分店短暫打工的一個月後，我穿著西裝、打上領帶來到舒爾茨的家族基金會辦公室，把我的履歷遞給他。「在正常情況下，會由您來給我面試。」我說：「所以，我想向您好好的介紹我自己。」舒爾茨後來告訴我，我的這番舉動感動了他。

舒爾茨和我的背景完全不同。他花了一輩子的時間打造零售事業，而我在零售業毫無經驗；他對百思買瞭若指掌，而我則是個局外人。可是，我們還是能夠找到彼此的共同點。我感覺舒爾茨是一個非常善良體貼的人，他只是擔心他一手建立的事業方向走偏，所以急著想做點什麼。我跟他談到我對於員工和顧客的基本商業哲學，並表示我無意盲目的關店或裁員，因為我認為店面和員工都是百思買的強項。我們聊完後，雙方已經成功破冰。

一個月後的感恩節，我和當時百思買的董事長哈廷．泰阿吉（Hatim Tyabji）一起來到舒爾茨位於佛羅里達的家。當時我們已經告訴投資人我們計劃要進行重整，而舒爾茨則希望讓公司私有化。我們想知道如何與舒爾茨和安德森合作，一起幫助百思買重上軌道。大家顯然都是為了公司好，像泰阿吉就曾表示，如果有必要，他願意卸下董事長一職。但大家顯然還沒能夠達成共識。

在舒爾茨的律師辦公室進行討論時，他十分慷慨的告訴我，如果他成功買下公司，他會讓我繼續擔任執行長，而我的任務就是執行他和安德森及前財務長兼營運長阿爾・蘭茲梅爾（Al Lenzmeier）共同訂好的計畫。我恭敬的告訴他：「我很擅於接受意見，但在接受指令方面的能力很差。我懷疑你也是這樣！」我們都笑了，現場氣氛也輕鬆起來。

二〇一三年一月，舒爾茨與合作的私募股權投資公司一直無法提出有效收購的提案。二月底，百思買私有化的計畫因各方缺乏共識而無疾而終。但我仍然渴望找到和舒爾茨合作的方法。雙方的爭執對員工造成很大的影響，尤其許多人從舒爾茨擔任執行長時就認識他。該是時候終結這場長達十個月的鬧劇，讓公司繼續向前邁進了。

終於，舒爾茨在四月時同意重返百思買擔任榮譽董事長。儘管他沒有回到董事會，但他同意提供他明智的寶貴建議，協助我重整這間公司。

戰爭正式結束，百思買一家重新團聚。我們終於能夠將人才凝聚在一起，共同為重振百思買而努力。

以人為終：沒有例外

由於百思買的成本過高，我們自然不得不勒緊褲帶。但我們堅持「以人為終」，這個意思是指，非到萬般不得已時才會考慮裁員，而不是一開始就這麼做。

這也是來自於迪卡彭崔的經營智慧。他多年前告訴我，公司轉型時的優先順序是：一、增加營收；然後是二、設法刪減非薪資支出；以及三、讓員工相關利益發揮最大效益。如果走完上述三個步驟依然不夠，這個時候才可以考慮裁員。這麼做能讓員工維持在宗旨型人性組織的核心。

有些分析師高喊著：來一場「浴血行動」吧！要百思買關店裁員。瘋狂裁員和關閉分店十分容易，但這樣做無助於解決問題。我從之前的經驗得知，和員工一同堅守到最後的公司更有機會重新站穩腳步。我還在卡爾森集團的時候，德國旅遊業遭遇二〇〇八年金融危機時的因應做法令我感到驚艷。企業旅遊往往會仰賴經驗豐富的旅行社，來針對多段旅程做出最佳安排、搜尋錯綜複雜的航班價格等等。然而，經濟衰退卻直接衝擊企業對卡爾森嘉信力旅遊服務的需求。在許多市場，當地主管無不拚命裁員。但在德國勞動法的規範之下，德國分公司的管理團隊決定減少工時，讓每個人都能保住工作。高階主管們主動降低薪酬，他們不知道市場要多久才能回到危機前的水準，但他們知道留住員工是最優先的考量。一旦市場恢復，他們早已準備就緒。

德國分公司的管理團隊非常清楚：當情況獲得改善後，企業必須付出高昂代價，才足以彌補困境時裁員而損失的專業和經驗。新進員工需要花一段時間適應，才能穩住業務陣腳。試想，當你走進百思買分店尋求商品建議，你會想找新進店員嗎？不只你不想，顧客也不喜歡和菜鳥打交道。

因此，我們努力的調整成本，盡可能避免裁員，我心中想的是卡爾森德國分公司的做法。於是，我們依照迪卡彭崔的理念，採取了以下措施。

增加營收

首要任務是增加營收。產業分析師預測大型零售商終將滅亡，並歸咎為電商的競爭。於是，我們決定防患未然。二〇一二年十月，我們在假期購物季之前就開始先行布局，宣布店內產品價格絕不高於網路零售價，所謂的「網路零售價」當然也包括亞馬遜上的價格。這樣做能夠確保顧客不會只看不買，將來店客流量轉為更多營業額。我們之前已經悄悄的在芝加哥分店測試過這個做法，分析評估後發現，增加的銷售量足以彌補降價成本，所以認為值得賭一把。果然，我們的決定不僅奏效，還造成轟動。

我們還修正公司網站和線上購物系統，確保不再有搜尋「灰姑娘」，卻出現 Nikon 相機之類的事情發生。其中一項最戲劇性的舉動是由麥克寇蘭主導，准許各分店直接寄出網購商品。這個決定是基於我們發現，有高達七成的美國民眾住家附近十英里內就有一家百思買，此舉能大幅降低我們寄出網購商品的時間，提高線上銷售額。

我們還花了一番工夫，讓店內消費經驗變得更愉快、更有收穫。如第六章提過，我們花費時間與金錢來培訓藍衫店員和科技公司合作，協助供應商展示他們斥資數十億美元研發的成果。

我們還大幅修改商店陳設，增加手機、平板和小家電的陳列空間。CD和DVD等多媒體的陳列面積則大幅減少。

降低非薪資支出

接下來，我們大砍非薪資支出。我們最初計劃在幾年內減少七億兩千五百萬美元的成本，雖然可以節省成本的地方很多，但無論如何，這畢竟是個龐大的數字。財務長麥克寇蘭發揮她豐富的零售經驗，依她估算，光是改善退貨、換貨和瑕疵商品就可望省下四億美元。電視機就是個很好的例子，液晶螢幕容易破損，考量到它們從工廠搬到店面、再搬到家裡的移動量，損壞的機率實在很高。在搬動的過程中，約有二%的電視機會摔壞，每年損失金額約一億八千萬美元。只要能減少一點耗損率，就能為我們省下一大筆錢。

我們和製造商合作，設法設計出不易摔壞的電視機，改善包裝以提升保護力，並印製正確存放方式的說明書，再三提醒：請立放、不要平放。我們訓練倉管和銷售人員正確的搬運方式，確保這些電視機放置於低處，以降低掉落的風險。我們為顧客提供免費運送服務，至於那些堅持自己開車把電視機載回家的顧客，我們會教他們如何正確搬運箱子，將摔壞的風險降至最低。

同樣的，我們找到改善退貨的方法。顧客向我們購買商品中，約有一〇%的商品遭到退貨的命運，因而耗費大量時間和成本。以冰箱這樣的大型家電為例，在搬上樓或安放在顧客家角落的過程中，經常會不小心撞到商品。為了避免這樣的狀況，我們會先在網路上提供如何測量擺放空間的詳細說明。例如，如果被撞到的地方是在側面或背面，我們讓送貨員和店員有權決定是否贈送禮物卡，以說服顧客不要因為安裝完成後看不到的凹痕而退換整台冰箱。同理，我們決定不再將顧客退貨的電腦退給供應商，而是直接在實體店面和網路商店上販售。如此一來，不僅能降低整體回收率，還能獲得供應商的津貼。

我們也放寬規定，以防止一些十分瘋狂、可笑、愚蠢的浪費。例如，二〇一三年四月，我造訪我們位於肯塔基的退貨中心，這裡幅員廣大，輸送帶上滿滿都是顧客決定不想要的商品。我在其中一個輸送帶上看到一支綠色螢光筆，也就是說，有一家分店送「一支筆」到退貨中心，於是這支筆以極高的成本從數百英里外運送過來，遠遠超過退貨中心回收它所獲得的利潤。

這實在太扯了！但該分店的確是嚴格遵守公司的政策和流程。我拍下這支孤獨的綠色螢光筆，在分店經理會議上給大家看。我告訴他們，若第一線員工看到任何瘋狂、可笑、愚蠢的事情（例如讓一支綠色螢光筆進入回收流程），可以不必遵行既有政策。只要看到不對勁的事，就要立即反應、採取行動。

除了退貨、換貨和損壞之外，我們還留意更多容易實現的目標，尤其是從主管開始做起，其中一個目標就是：主管出差時不再搭私人飛機。二〇一三年一月，我開心的走到我位於經濟艙36B的座位，飛去參加消費型電子產品展，這個舉動給我們的供應商和團隊非常清楚的訊息。同時，麥克寇蘭追求的不光是大規模的成本刪減，一分一毫的刪減都很重要：公司文件放棄彩色列印，一律改用黑白。即使只省小錢，也有宣示作用。

優化員工福利

關於員工福利，我們的第一個、也是最簡單的決定就是恢復員工折扣。我在聖克勞分店了解到取消折扣讓員工非常不悅，此舉傷害士氣，讓大家無法為公司重整全力以赴。

我們還在醫療保險的成本上下工夫，美國勞工保險費每年約漲六％到八％，我們能如何在減少這些成本的同時，確保員工健康受到完善保護呢？

我們檢視醫療保險成本上漲的原因，訂出健康計畫並擴大預防範圍，幫助員工保持健康。針對這個問題，我們同樣尋求與供應商合作，和保險公司一起試著找出解決方案。

裁員是最後手段

對當時的百思買而言，一加二加三還是不夠，我們最後還是免不了裁減人員。在「重建藍衫」重整期間，我們精簡不必要的管理層級，也停掉非策略性的部門和計畫，像是為其他零售商提供「技客小隊」服務。我們還簡化高層編制，例如幾乎所有主管都配有幕僚人員，但這根本沒有必要。

不過，「裁撤職位」不見得等於「裁撤人員」。二〇一八年，我們決定關閉百思買行動電話商店，單獨的手機專賣店已經不合時宜。不過，我特地避免使用全面發放遣散費的標準做法，而是寫信給行動電話商店的所有員工，信中解釋我們將協助他們在公司內找到適合的職位，並誠心希望他們能選擇繼續留在百思買，因為我們非常看重他們的貢獻。

他們有很多轉職機會，就像多數零售企業一樣，自然的員工流動率和規模賦予我們彈性空間。為了付學費來打工的大學生畢業後就會離開，也有人因為搬家或另有人生規劃而離職。即便我們努力打造讓員工樂在工作的環境，分店的員工流動率還是有三成之多。雖然已經遠低於重整以前的近五成，但每年的職缺還是很多。而且我們正蛻變為成長型企業，像是成立公司內部顧問團隊就需要招攬新血。我們將這些職缺保留給行動電話商店的員工，並且盡量留住他們。

當然，並非每個人都願意留下，選擇離開的員工能獲得遣散費，不過我們還是盡全力提供選擇的機會。這是我們該做的事，因為它既符合人性，又符合成本考量，完全不必陷入二者擇一的兩難困境。這是個很容易做出的決定，也很容易讓股東了解。

提高營收、降低非薪資支出、優化員工福利等措施通常不會登上新聞頭條，但我們保證店內價格不高於網路價格的決定卻上報了。有趣的是，這些做法不像裁員那麼激烈，但效果卻反而更好。

二〇一二年以來，百思買省下約二十億美元的成本，其中有三分之二都是非薪資支出，遠高於我們一開始設定的七億兩千五百萬美元的目標。自此，公司每年持續設法刪減兩億到三億美元的開銷，省下的錢則多半重新投資在業務上，確保我們繼續照顧到所有利害關係人。

「重建藍衫」不是光靠不裁員就會成功。其他的方法更為有效，是因為它們為顧客和供應商提供更好的服務，對公司利潤也有深遠的財務貢獻。它們之所以更有效，也是因為保住了公司的命脈，那就是構成宗旨型人性組織核心的人才、經驗、努力和心靈。

激發人的能量

二〇一二年九月，我剛接管百思買時誠惶誠恐，這家公司剛經歷長達六個月的混亂狀態，前執行長因身陷醜聞風波而宣布下台，過了沒多久，繼任的執行長也離職，由我這個業界默默無名的局外人接任。在此同時，公司股價不斷重挫，創辦人舒爾茨在這時正式展開將公司私有化的攻勢。

媒體上一篇又一篇的文章全都預測百思買正在走向滅亡，就像消費型電子產品零售商電路城那樣，終究將敵不過市場變化和來自網路的低價競爭。二〇一二年《彭博商業週刊》（*Bloomberg Businessweek*）十月號的封面人物，竟然是個穿著百思買藍衫的喪屍。

儘管公司上下擁有出色的人才和非凡的進取態度，但受到這些排山倒海席捲而來的看衰聲浪，員工們還是難免感到擔憂，造成團隊內部的士氣低落。

重整期間的首要之務，就是要創造出拯救垂死企業所需的能量。這意味著要迅速想出好計畫，讓每個人都專注於明確、簡單的優先事項，並營造有壓力但安全的環境。這也意味著要創造出一種樂觀的緊迫感，隨時展現我們所取得的進步，即便是很小的一步也沒關係。以下是我們創造企業重整時所需能量的方式。

共創一個夠好但不需完美的計畫

我上任後不久，某天董事會指示我得在十一月一日以前提出計畫[2]，也就是說，我們有五十七天做這件事。「這太誇張了！」陽獅集團（Publicis）執行長莫里斯・李維（Maurice Lévy）說。陽獅集團為我們提供企業溝通上的諮詢服務。李維認為時間根本不夠，而且急就章是危險之舉。

早年在麥肯錫顧問公司工作的時候，我專門負責診斷業務及制訂長期策略，執行上則是交由其他人負責。幾個高層管理者想出策略和長期計畫，然後交由下屬來執行，這種一九六〇到一九七〇年代發展出來的傳統策略規劃方式，在當時還是業界標準的做法。

若要按照傳統策略的規劃方式，八週確實不夠。但我倒不覺得董事會的要求有什麼不妥，因為就算時間充裕，這種做法還是會遇上許多問題。例如對新手來說，這麼做很可能會錯失那些更知道如何成功的人的見解。還有，對於那些未參與計劃的人，通常不喜歡直接被告知該怎麼做。

董事會給的期限對我來說並不是問題，因為我的經驗告訴我，重整與長期規劃無關，至少一開始時是如此。重點在於找出如何提高績效、改進營運效果，以及最重要的是：開始行動。

「營運進展能夠創造策略自由度」，這是嘉吉公司（Cargill）執行長擔任卡爾森董事時，我從他身上學到的。我們需要一個可以有效「止血」的計畫，並快速提高營運績效。要做到這一點，八週是綽綽有餘的。在這八週中，我們至少能釐清必須解決的問題，確定大致上的方向，然後開始行動。

我們不會有上行下效的偉大策略，每個人都得捲起袖子參與其中，一起找出拯救這間公司的方法。於是，我們辦了好幾場為期兩到三天的工作坊，每次約有三十位來自各部門的同事來到百思買總部，圍坐在會議室的U型會議桌共同集思廣益。

我們該怎麼做？照著迪卡彭崔建議的「人員→業務→財務」順序，我們檢視員工折扣、檢視店面陳設（至今我還留著那張畫在紙巾上的聖克勞分店平面圖）、檢視定價、找出營運上的缺口和瓶頸，我密集參加這些工作坊，還贏得「駱駝」的稱號，因為我總是全程沒喝水也沒喝咖啡。

最後，期限還沒到，我們已經有了重整計畫。

但我們還得先為這份計畫起個名字。多年來，我學到計畫得有個名字，才能讓組織裡所有人銘記在心。我請大家晚上回家思考適當的計畫名稱。隔天，大家發表的意見相當踴躍，最後白板上寫了三十幾個建議名稱。我們投票選出「重建藍衫」，認為這個計畫名稱能夠傳達正確的訊息，而且響亮又好記。

在對投資人宣布「重建藍衫」計畫之前，我們先確保獲得廣大領導團隊的支持，這裡指的是百思買營運委員會裡一百五十多位資深人員。除非每個人都「全力以赴」，否則計畫只會淪為口號。

十一月，我們正式向投資界介紹「重建藍衫」計畫，說明我們的目標不僅為了股東而努力，也是為了員工、顧客、供應商和社區。公司陷入困境，但我們的做法是照顧**所有**利害關係人，不會擇一為之、不受傅利曼教條的束縛。

我們的計畫雖然並不完美，但已經夠好。在公司內部，它提醒所有人去思考我們的優缺點何在，並明列服務顧客、員工、供應商、股東和社會的優先事項。它描繪出一條前進的道路，讓我們可以繼續經營下去。

繼續挺進，保持簡單

只要有好的計畫，就足以創造動能、讓員工投入。快速做決策，像是保證不高於網路價格和重新提供員工折扣等，顯得非常重要。偉大領導者和優秀領導者之間的區別，在於決策的數量、而非質量。決策愈多，所創造的動力和能量也愈大。這些決策不見得都是好的決策，但如果你會騎腳踏車，就知道一面騎車、一面調整方向，要比靜止時來得容易許多。

除了透過決策來創造動力之外，釐清重點、保持簡單，也能釋放能量；太複雜、讓人混淆、不知所措，甚至還會為團隊種下怠惰的因子。我造訪聖克勞分店時就深刻體會到這一點，比方說，經理需要盯著大大小小的評量標準，根本是見樹不見林。如果他們聽我說到公司只有兩個問題：營收下降、利潤下降，你能想像他們做何反應嗎？

「什麼？只有兩個問題？不是四十個關鍵績效指標？」

「這真是個好消息！才兩個問題有什麼難解決的？」

於是每個人都得把眼光、腦力和精力集中在這兩大問題上。繼續思考：阻礙我們提高營收、增加利潤的是什麼？我們先解決最嚴重的障礙，然後再處理其他的問題。

等一下，我之前不是才說到，只注意數字會讓人提不起勁？公司的目的不是賺錢？沒錯，我是這麼說過，但這不代表你不用管數字。利潤固然是結果，但也至關重大。若企業瀕臨倒閉，你得先止血。我們在止血的同時，也發展成以「宗旨」為導向的公司。即使在二〇一二年之後還要等好幾年，我們才想出「用科技豐富顧客生活」的企業宗旨，但我們早就已經以所有利害關係人為規劃主軸，努力想成為科技零售的權威和顧客的首選商店。

雖然我們致力求生，但長期衡量我們在這兩個問題（而且只有這兩個問題）上的表現，能讓我們知道我們的事業能否存續，能讓我們一路上緊跟最新動態。這就是我們衡量進步的方式。我們能夠找出公司裡進步最多又最快的部門和人員，然後就能向他們學習。

創造有利的環境

急迫感和透明度能讓組織承受有建設性的壓力，自然而然的創造出有利的環境。沒有人能在極大的壓力和恐懼的驅使之下，達成最佳工作表現。因此，為員工創造對公司未來的樂觀、能量和自信，得從我自己開始做起。不管如何，我都得保持積極與樂觀。我還記得我在卡爾森集團任職的時候，有天和數千家連鎖旅館業者開了一整天的會，結束後我精疲力盡，但我告訴自己，我一點都不累。「重建藍衫」初期我就是這麼做的，我能決定自己要以什麼樣的態度上班，每一天皆是如此。

一有機會，我們就會慶祝獲得的成功。由佛爾曼領軍的媒體公關團隊，無所不用其極的搜尋與分享各種好消息讓內部員工知道。「大家看，我們在芝加哥的業務成長了！」、「小家電業績亮麗！」從每一次小組會議到每一場全公司大會，我們都會特別強調公司進展順利之處，將鼓舞人心的訊息傳達到公司上下。

我們對投資人也採取一樣的做法。在二〇一二年十一月的說明會上，我們先介紹百思買的優勢，像是創新推動我們在消費型電子產品市場的成長，以及我們占該市場最大單一銷售額。另一方面，我們並不會粉飾我們所面臨的營運挑戰，包括普普通通的顧客滿意度和乏善可陳的網路銷售業績等，在在拖累財務報酬。

在整個重整期間，我們持續分享大大小小的成功。例如，二〇一三年初，我們開始從五十家分店直接寄出網路購物商品，這項措施一開始似乎並不起眼，對於提升財務的影響不大。但我們的財務長麥克寇蘭不斷對投資人提及這件事，說明這麼做的重要意義。時間久了，這項措施擴及愈來愈多分店，新芽向下扎根，終於大大提升網路銷售額。

散發能量與慶祝成功並不表示我們會美化失敗。你還記穆拉利和他的「紅綠燈系統」嗎？當福特公司瀕臨破產時，所有指標卻都還是綠燈。為了拯救公司的未來，我們也必須像傳播好消息一樣認真的傳播壞消息，畢竟，如果不知道問題在哪裡，就不可能解決問題。

保持樂觀和承認挑戰同樣重要，任一方都不得強過另一方。我們擬定「重建藍衫」計畫時，策略部門有位同事交上三百頁的簡報，上面清楚羅列我們必須處理的所有問題和挑戰。這份報告的結論是：百思買已經難以翻身。然而，如果你無法把挑戰轉變成契機和希望，你就沒有資格領導企業轉型，因此，我決定不理會這份簡報上悲觀的預測。

透明化與鼓勵示弱

準備「重建藍衫」計畫時，我們面臨許多兩難的處境：要將計畫保密到二〇一二年十一月的投資人說明會，還是先跟公司內部分享、聽取意見，以確保每個人都願意放手一博呢？百思買是上市公司，媒體上的任何風吹草動都會影響股價。我們是否該謹慎提防，還是該信任自己人？

管理團隊看法分歧，過去確實曾經發生因媒體洩密而對公司造成傷害的事例，但我相信消息走漏的風險遠不及員工對於重整計畫沒有參與感的風險。於是，在投資人說明會的三個禮拜之前，我們召集一百五十位經理，把我們的計畫草案告訴他們，並清楚告知目前討論與分享的內容都是高度機密。結果我們得到許多寶貴意見和全體的支持，而且所有人都保密到家，相關資訊一點也沒有洩漏出去。

整個重整期間，無論面對的是公司內部或股東，我們都開誠布公的討論公司目前的情況、優先順序、契機、挑戰、進展、和實際執行情況，此舉激勵公司團隊並促進當責。

我不怕開口尋求協助。我上任後三個月，便請來我的企業教練葛史密斯。公司重整如火如荼進行時，我常請團隊提供意見。我公開說明我覺得自己有哪些地方需要改進，學著適度將權力下放。我不會假裝什麼都知道或表現出我很完美，從我加入百思買的第一天開始，無論是在聖克勞分店實習或與高層共事，我持續尋求幫助，並如願獲得大家的援手相助。

公司也必須這麼做。想要永續發展，就得借重他人長處、尋找合作夥伴。因此我們才會像第六章提過的，開始和供應商合作，並要求埃森哲（Accenture）、IBM和UPS等供應商提供暫時折扣。我們不怕尋求協助，因而能夠如願獲得協助。

透過這樣的舉動，我們試圖讓公司內部同仁知道：不要害怕示弱、不要害怕求助、不用覺得應該假裝無敵或完美，因為我們都是凡人，從脆弱中才能彼此連結，並釋放集體的力量。我們就是這樣與我們的顧客、供應商、社區和股東相互連結，一同組成宗旨型人性組織，無論企業生病或健康、無論處在順境或逆境，這樣的連結直到永遠。

⋆ ⋆ ⋆

二〇一三年一月，「重建藍衫」計畫啟動才幾個月，我們公布二〇一二年十一月和十二月的銷售額。前一季的業績確實是場災難，但我們有項好消息要宣布：和前一年度相比，我們的銷售額持平。

銷售額持平！我們為此興奮不已！這要比分析師看衰的預測好太多了。這表示我們止血成功。

市場為之驚喜，股價開始止跌回升。最壞的情況已經過去，員工們的情緒振奮，所有的變化非常明顯。我們繼續進行重整計畫，感覺一切大有可為。

至今，都還有許多百思買員工告訴我，「重整藍衫」那幾年是他們職業生涯中最美好的時光。我們同德一心，聚集的能量令人振奮。我們共同攜手走過困境，讓所有專家跌破眼鏡。我們原本準備要走向滅亡，而即使到現在，經歷整個過程的人都還記得，我們要面對的就是兩個問題，而我們徹底解決了它們。

在百思買「重建藍衫」期間所發生的一切，我稱之為「人性魔法」，當公司裡每一個人都充滿熱情，共同達成高於預期的成就，就會發生這種情況。人性魔法能夠造就「非理性表現」（irrational performance），這是一種很好、卻不合常理的表現。

要成功建立宗旨型人性組織，無論是在順境或重整期間，都需要釋放出這種能量。我們創造出一個能讓所有人全力以赴的日常工作環境，因而釋放出這種人性魔法。人性魔法，就是我將在第三部談論的重點。

請思考以下問題

你在困境時如何處理員工問題？

以人為始：

- 你如何和第一線員工保持聯繫？
- 你籌組資深團隊的做法是什麼？

以人為終：

- 你打算如何安排「業績成長」和「成本刪減」的優先順序？
- 你在刪減非薪資支出和以創意的方式創造利潤上有何成果？

激發人的能量：

- 你如何激發人的能量？
- 你鼓勵大家一起參與規劃的程度和方法為何？

- 你如何創造有利的環境？效果如何？
- 你決定每天以什麼態度上班？
- 你的經營有多透明化？你用什麼方法來和團隊溝通？

一般性問題：

- 依你的經驗，在重整期間提高績效，哪一種做法特別有效？
- 你想在哪一方面變得更好？你正在努力改進哪一部分？

由幾個聰明人訂定策略與行動計畫、把計畫告訴其他所有人，然後透過獎勵措施來動員全體投入並實現計畫，這樣的傳統管理方式往往收效有限。我們在第一部討論過人為什麼工作，並在第二部界定企業是宗旨型人性組織，接下來，在第三部中，我們要提出能夠替代過時管理方式的新管理之道。

我們會列出能釋放所謂「人性魔法」的元素，創造出讓每個人都熱情支持偉大事業的環境，這些元素能促進員工投入，若能再加上適切的策略，企業就會創造出非凡成績，一步步邁向宗旨型人性組織。

第三部

釋放人性魔法

第八章 超越獎懲：丟掉你的「胡蘿蔔與棍子」

「胡蘿蔔與棍子」的獎懲策略確實能讓人馬上開始行動，但如果我們把人當驢子看待，他們自然會表現得像頭驢子。

——約翰．惠特默（John Whitmore），《高績效教練》（*Coaching for Performance: GROWing Human Potential and Purpose*）

一九八六年，百思買的創辦人舒爾茨面臨嚴峻挑戰，他創立二十年的企業受到高地超市（Highland Superstores）的衝擊。底特律起家的高地超市是全美第二大電子產品零售商，在百思買的地盤明尼亞波利斯開了分店，用低到不合理的售價大打價格戰。

百思買之前曾經兩度瀕臨破產，現在又來到另一次生死關頭。舒爾茨能夠感受到，這間規模大很多的公司顯然不在乎短期虧損，一心只想置百思買於死地。

舒爾茨全力備戰，他鎖定一個關鍵問題：百思買該如何改變競爭環境？答案是，應該要取消銷售佣金（spiff），也就是供應商為了鼓勵銷售人員銷售特定產品，而支付一定金額的制度。

舒爾茨希望銷售人員能專心為顧客提供最好、最客觀的建議，有銷售佣金就很難做到這一點。當時，無論在百思買或其他零售商，銷售佣金都是銷售人員薪資的主要部分。顧客未必知道這種制度的名稱，但可想而知當然討厭它的存在。誰會希望銷售人員一直大力推銷佣金高的品牌，而不管這些產品是不是真正符合顧客需求。

舒爾茨想要廢除佣金制度，改以時薪支付藍衫店員，但他說：「光是試探這樣的可行性都會被視為異端，更別提真的想要去做。」[1]這麼做風險很大。那個時候，一千名百思買員工當中，有一半都靠佣金為主要收入，而且從他們開始工作以來，一直都是如此。店員就是靠佣金賺錢，從來沒有人質疑這個制度。舒爾茨不想損及士氣、阻礙分店經營，或者導致更糟的情況——激怒員工。如果稍有不慎，百思買可能損失最優秀的藍衫店員。

另一方面，取消銷售佣金不僅能使顧客受益，還能讓百思買從競爭中脫穎而出。藍衫店員將成為真正的幫助者，而非供應商的代言人。他還打算將庫存從倉庫移到店裡，好讓顧客看到哪些產品還有貨。屆時商店會變得更像倉庫，改用水泥地板、金屬貨架和日光燈，因為重點不是促銷特定品牌，而是為顧客創造價值。員工的獎金將反映分店或分區的整體績效表現，而非個人業績。同時，有意成為經理的銷售人員將擁有內部晉升管道，可獲得更高的底薪。

到了一九八八年，舒爾茨已經準備好在中西部新開的七家分店測試這項被稱為「二號概念」（Concept II）的構想。結果成效非常好，因此逐漸被擴展至其他分店。最終，採用「二號概念」的分店營業額是一般佣金制分店的兩倍之多。

舒爾茨的賭注獲得回報，「二號概念」拯救了百思買，讓業績多年居高不下。一九九九年，我掌管威望迪遊戲（Vivendi Games）期間第一次認識百思買這家公司，當時我認為這是一家最先進、最以客為尊的電子產品零售商，優秀的員工是其最大支柱。

至於高地超市呢？它倒閉了。

舒爾茨比我們都還要早意識到，在現今的新經濟體系中，金錢誘因已經無法推升績效，「胡蘿蔔與棍子」的獎懲策略往往只會適得其反。金錢誘因依然有其功能，不過別指望它能激勵人們的行動。

金錢誘因不再能推升績效

然而令人意外的是，金錢誘因至今依舊被廣泛使用於引起人們的動機。全球各地的人力資源團隊耗費大量時間、資源和腦力來設計及管理這類激勵計畫。

在我過去的職業生涯中，也一直相信用金錢來激勵員工是個有效的做法。二〇〇八年，我當上卡爾森集團執行長後做的第一個決定，就是為高階管理人員設計一個長期激勵計畫，善用獎勵制度來鼓勵我們希冀創造的價值，作為動員組織力拚績效的策略。

到了二〇一五年，我偶然看到針對丹尼爾・品克（Daniel Pink）談人類動機所製作的動畫。[2]品克引用麻省理工學院（MIT）所做的研究，內容是讓一群學生挑戰不同類型的題目。為了激勵學生盡全力作答，研究人員根據答出正確答案的速度發給不同額度的獎金。研究結果發現：當任務和基本認知技巧有關時，獎金愈高，學生的表現反而愈差。

這項結果讓進行研究的經濟學家無法理解，會不會是他們提供的獎金對麻省理工學院的學生不夠有吸引力？他們決定去印度再實驗一次，這筆獎金在印度鄉下可是相當於一般人兩個月的薪水。然而，實驗結果還是一樣。

幾十年來，許多經濟學家、心理學家和社會學家曾多次重複這項實驗，發現任務愈複雜、愈需要創意時，獎勵愈多，成績反而愈差。獎勵往往會局限我們的注意力與創造力。從事複雜、有創造性的工作時，我們需要的狀態正好相反：當人的思考愈天馬行空、愈跳脫一般框架，他的表現就會愈好。[3]

我聽到品克上述說法時，驚訝到差點沒從椅子上跌下來。這些經過反覆實證的研究結果，竟然和我過去所學完全相反，完全否定我過去任職過所有公司精心設計的獎勵計畫，甚至我也曾參與部分計畫的設計工作。怎麼會這樣呢？我們古老又完善的資本主義體系，不是深信「有錢能使鬼推磨」嗎？

然而隨著時光流逝，我開始相信，這才是每個人都該知道的常識。我有時甚至還會做些小測試。

最近我和一位同業執行長聚餐時，便問他是否認為金錢誘因能提升表現：

「當然可以！」他一副理所當然的樣子。

接著，我問他金錢誘因能否激發出他最佳的表現。

「當然沒有辦法！」

如果金錢誘因連我們自己都激勵不了，我們又怎麼會認為能激勵其他人呢？我現在相信金錢誘因是：

- 過時的。
- 容易誤導的。
- 可能是危險且有害的。
- 任何情況下都很難做對。

為什麼？接下來，請容我一一解釋我的看法。

金錢誘因已經過時，它們是為過去的工作型態而設計

在泰勒科學管理原則的背後，隱藏著一個關鍵的基本預設：工作是種讓人感到乏味與痛苦的養家維生手段（見第二章），這個世界上沒有人會喜歡工作，所以得靠金錢誘因，才能讓勞工認真投入生產。雖然獎勵會局限人們視野、阻礙橫向的創新思維，但對那些生產線上目標明確、高度重複性的任務來說，確實能夠有效加快生產速度。

泰勒的觀點深深影響著二十世紀的薪酬與更廣泛的管理實務。發展於一九六〇、一九七〇年代的「長期策略性規劃」（Long-term strategic planning）也是立基於類似觀點：透過獎懲才能讓員工落實由聰明的高階主管與專家訂出的策略，所以得完成行動計畫、分派各執行者所應達成的目標、設計與目標一致的獎懲機制，以衡量員工的績效表現，並且確保員工持續朝目標邁進。

依照這樣的觀點，企業建立起完整的獎金、紅利、佣金等各種財務報酬系統來激勵員工。但問題是：這麼多年過去，工作的性質早已發生改變，我們如何確信泰勒的觀點依然適用今日？

金錢誘因誤導人，它們強調的是服從，而非投入程度

獎勵看似對於重複性工作有效，能夠強化工作動機、加快生產速度，然而事實上仍有其嚴重限制。賞罰無法長期改變人類行為，更別說是永久性的改變。獎勵和懲罰被心理學家歸類為「外在動機」，無論是想要減重、戒菸或改變工作方式，它們都無法徹底驅動或改變行為。

真正的工作動力與熱情是源自內心燃燒的火焰，這是運用獎勵和懲罰都無法激發出來的，而且更糟的是，它們還會把火焰吹熄。[4]

金錢誘因可能既危險又有害

在擔任電資系統法國分公司總裁時，我與一家大型法國連鎖超市的子公司談成一個大案子，這項交易可望為公司賺進數百萬美元。不幸的是，負責的團隊不僅低估現實挑戰，還高估公司兌現承諾的能力。我們最後勉強完成案子，但這份合約讓我們賠了錢。由於這個案子的週期較長，我們直到好幾年後才赫然意識到，最初的財務預測根本不可能實現。

現在回想起來，我認為問題主要出在電資系統的獎勵機制。銷售團隊能從這個案子賺到多少佣金，是根據合約上預估的金額來計算，促使銷售人員做出過於樂觀且不符現實的承諾和預測。

在這樣的情況下，獎勵措施反而為公司帶來損害。當你採用績效給薪制要求員工，會讓他們盡可能掩藏自己的錯誤與缺點，而不是將挑戰視為成長與學習的契機、主動尋求協助與改善。更進一步來說，獎勵措施甚至可能誘使員工做出不當行為。

此外，同時訴諸自利與道德動機往往會導致失敗，因為獎勵讓人覺得是基於自身利益才努力，而非亞當斯密所稱的「道德情操」（the moral sentiments）。[5]

金錢動機很難做到位

許多企業和領導者花費大量時間和資源，企圖設計出一套完美的激勵員工制度。過去三十年，我在不同產業與公司先後擔任管理顧問、執行長和董事時，也時常做這樣的事。然而，根據我的觀察，一旦環境出現改變，那些複雜且缺乏彈性的制度，就會立刻變得不合時宜。

例如我任職於卡爾森集團時，曾和人力資源部努力打造和許多其他上市公司一樣的制度。二〇〇八年，我們的獎勵計畫正式實施。沒想到短短幾個月後，金融風暴就徹底摧毀這個精心制訂的計畫。

時間也是一大挑戰。經營週期較長的企業，無論是飛機製造商、能源公司或藥廠，從實施獎勵措施到看到成果出現之間有一段時間差。通常獎勵會依據每年或三年最佳成績發放，但這些成果卻多半反映的是五年、十年，甚至十五年前所做的決定。

適用獎勵的情況

儘管如此，獎勵還是有其作用，只要我們不再一味相信它能激勵和動員整個組織。例如，績效獎金就是與員工（而不光是股東）分享公司獲利榮景的好工具。獎勵也可以讓員工知道什麼是最重要的。我在電資系統法國分公司時，改變了公司當時以財務績效為唯一發放依據的紅利制度。我想讓大家明白，我所重視的「人員↓業務↓財務」優先順序，絕不是嘴巴說說而已。新紅利制度是根據三項標準來計算，三者所占比重相同：

第一、「人員」要素：包括流動率、投入程度，以及是否按時進行績效評估等指標。

第二、「業務」要素：指的是我們在顧客滿意度、流失率等方面的表現。

第三、「財務」要素：是以財務績效為依據。

「你確定我們真的要這麼做嗎？」掌管電資系統歐洲、中東和非洲的大衛・索普（David Thorp）問道，他擔心當公司財務績效不佳時，還得大方發放獎金。我告訴他，我一點都不擔心，因為如果我們在人員和業務層面表現優異，終究會展現在財務績效上。也就是說，在獎勵制度上採用新的衡量指標，才能確保「人員」和「業務」要素更受重視。新的獎勵制度，就像是有效傳達企業發展方向的大聲公。

我在二〇一二年加入百思買時，公司高層彼此嚴重孤立。我們急需讓每個人將目光放在公司整體營運，而非只想管好自己的業務，於是我修改獎金制度，讓大家明白公司的決心，運用獎金的計算方式，不斷提醒員工我們在「重建藍衫」（請見第七章）期間的優先要務：提高營業額、促進電子商務、改善顧客滿意度，並降低成本。

我們完全不認為人們每天早上是因為獎金而開心的起床、準備上班，一邊開車還一邊想著：「如何為自己賺到更多績效獎金？」沒錯，百思買一直有獎勵制度，但這並不是為了激勵員工，而是為了讓員工知道公司的營運方向，並與他們分享利潤。

★　★　★

如果獎勵無法激勵人們更加努力，那麼什麼才能激勵他們呢？

什麼為宗旨型人性組織提供動力，從而釋放出第二部提到的「人性魔法」呢？

一切要從徹底改變觀點開始：

- 我們要將人視為「根源」而非「資源」。
- 員工必須被視為一起追求共同目標的獨立個體，而不是公司資產。
- 每位員工都抱持著各自不同的動機與人生宗旨，而不是只受金錢驅使的人力資本。

該是時候放棄追求集體勞動的行為動機了！我們得要了解每位員工重視的是什麼，才能有效的激勵他們。釋放「人性魔法」的關鍵，在於創造一個**個人**能夠成功的環境。因為當人們做著自己最重視、覺得最有價值的事情，自然就能克服重重阻礙，全心為工作投注精力、創意和情感。

是百思買和全體員工讓我看到這種觀點上的轉變所帶來的實際影響。使我更加確信，創造一個「以人為本」的環境必須包含五大要素，在接下來的五章中，我們將一一探究這些要素：

- 將個人對意義的追求與公司的崇高宗旨相聯結。
- 發展真誠的人際連結。
- 強化自主性。
- 精益求精。
- 建立鼓勵成長的環境。

請思考以下問題

⬇ 你是否相信金錢誘因能激勵人們表現得更好？它們能否激勵你？

⬇ 貴公司如何運用獎勵來激勵員工？獎勵的主要參考依據是什麼？

⬇ 什麼是能夠驅動你全心投入的關鍵因素？

第九章
第一要素：連結夢想

老師：你跳舞的時候有什麼感覺？

比利：不知道該怎麼說，是種很好的感覺。剛開始有點僵硬，但當我繼續跳下去……彷彿會忘記一切。一切都消失了。我感覺整個身體出現變化，好像身體裡有一團火。我就這樣，像鳥一樣開始飛翔。像電流，對！就像電流。

——電影《舞動人生》（*Billy Elliot*）

「你的夢想是什麼？」

傑森．盧先諾（Jason Luciano）是波士頓南邊多切斯特市（Dorchester）的百思買南灣分店經理，他會問他的每一位員工這個問題。還不止如此，他會將每個人的答案寫在交誼廳的白板上，旁邊加註他們的名字。每寫上一個答案，盧先諾就會告訴他們：「讓我們一起幫你圓夢。」

我在二〇一六年視察南灣分店，當時「建立新藍衫」的成長計畫剛剛推出，沒有人知道我會來。像這樣的突擊視察，能幫助我了解第一線員工的心聲和分店現況，而我之所以採取這樣的舉動，要感謝二〇一九年離任的零售部總裁雪莉．巴拉德（Shari Ballard），她在幾年前曾睿智的告訴我：「待在辦公室看表格，是無法領導像百思買這樣的公司的。」

我造訪南灣分店之前，就知道這間分店的業績優異，我想知道他們有哪些地方可供其他分店學習。沒想到，該分店的成功關鍵就在於這個簡單的問題：「你的夢想是什麼？」此外，還要歸功於盧先諾從區域經理那裡學到的人際回應之道。他透過了解每位員工的工作動力，緊緊抓住他們的心。但他真正厲害之處，是成功的將員工夢想與企業宗旨緊密相連。

舉例來說，盧先諾告訴我，有位銷售員的夢想是能住進屬於自己的公寓。基本上，她的工作動力就是讓自己能夠獨立。但如果她一直待在手機部門，光靠有限的時薪很難買到房子。於是他和這名銷售員一起規劃：如何讓她未來有機會升任組長或副理；一同思考怎麼樣才能真正辦到；她還需要學習哪些技巧才能升遷？

於是，這位年輕銷售員在經理和同事的支持下信心大增，工作績效愈來愈亮眼，並成為同儕間的榜樣。後來，電腦部主管開缺，她獲得這份工作，最終如願為自己買下一間公寓。

我認為這間分店的經理能承諾幫助每位員工實現夢想，是一件相當了不起的事情！我很榮幸能夠見證這一切。此舉給予整個團隊無比能量，讓每位員工盡情展現自己的能力，共同造就這間分店的卓越業績。

不管員工的夢想是什麼，經理協助他們明白工作和實現夢想之間的關聯，因此在他們「用科技豐富顧客生活」的同時，也豐富了自己的人生。他們了解企業宗旨和人際連結，會同時發生於分店經理和所有員工之間、以及藍衫店員和同事、顧客、供應商、社區和股東之間。這就是企業的核心所在。

「讓企業宗旨成為你早上起床的動力」是影響工作投入程度的要素之一。無論是高階主管或分店經理，領導者的要務之一就是釐清與支持每位員工的個人宗旨，並建立個人宗旨與企業宗旨之間的連結。這就像二〇〇〇年的電影《舞動人生》中，當礦工的小兒子比利談起跳舞的感覺時提到的那股電流。

不過，如果你也跟我一樣在學校學過商業數據分析，多半會覺得這種說法不怎麼踏實。我早年一定也會同意你的看法。但這真的有用，我在百思買親眼目睹這種關聯會產生令人難以置信的奇蹟，它不僅創造出員工對於自家品牌的熱愛，並在企業和受其照顧的人們之間，建立起持久性的情感與忠誠度。

是的，是人性將個人宗旨與集體宗旨連結起來。人們多半想為別人做點好事，當企業努力做好事並幫助他人，個人動力與企業崇高宗旨之間就能自然的緊密連結在一起。

如今，有愈來愈多商界人士認同這一點。但它實際上是**如何**運作？我們要如何建立這種連結並善加維繫？

對我們來說，這是一個持續不斷的歷程。時至今日，百思買依然是如此努力不懈的進行著。重要做法如下：

- 闡明人員優先的哲學。
- 探究周遭人們的動力來源。
- 把握重要時刻。
- 分享彼此的故事、鼓勵效法楷模。
- 讓企業宗旨具有意義、又真實。
- 散播意義。

闡明人員優先的哲學

二〇一二年八月二十日星期一，是公布我接任百思買執行長的日子。我在總部對五百多名主管發表就職演說，告訴大家我非常興奮能加入百思買，並分享我對公司的看法，表示我有信心能和大家一起重整公司。我還提到我堅持「人員→業務→財務」順序的管理哲學，說明獲利並非我們的宗旨，而是實踐這套管理哲學後自然會得到的結果。我反覆強調自己的信念是：公司的宗旨不是賺錢，而是對人們的生活做出正向貢獻。

領導者盡早且經常闡明這些觀點，為大家調製出培養成功的沃土，就能讓這些信念在組織裡生根茁壯。透過這些重要的信念將一再告訴大家：無論公司的規模再大也幫不上忙，因為我們一次只能接觸一個人的生活、一次只能感動一個人。這些信念得靠公司全體的認同與實踐才行！

先前我們曾提過零售部總裁巴拉德，她鼓勵分店經理和藍衫店員把顧客當成親友般看待，就像你在幫自己的爸媽或兄弟姊妹挑選電視機那樣。「我一開始就愛上這家公司，現在依舊深愛著，因為它是一個完全以人為本的企業。」她說：「我們是為他人服務的一群人，一同致力於實現造福人類生活的使命。」

這些年來，我們的每一次重要會議都會強調一件事，那就是「重視顧客個人和他們所追求的生命旅程」是這家公司的核心。這種以顧客個人宗旨和百思買「用科技豐富顧客生活」的企業宗旨，是每次議程的重點。「我是百思買」（I am Best Buy）是我們於二〇一九年假期領導會議的主題，重點放在每個人的故事如何造就這家公司。

二〇二〇年三月，我宣布卸下執行董事長職務，距離第一場員工大會也已經快八年了，某天，我接到加州一名居家醫療照護專員的留言。留言的人是阿爾尼（Arnie），他感謝我在領導百思買期間，不斷提醒他們做自己、服務他人、找到人生宗旨的價值。他告訴我他受益匪淺，而且不光是在工作上，在人生上更是如此。他的感謝之詞深深的感動了我，也讓我了解到，透過闡明這些信念為個人所帶來的影響，早已遠遠超出我所預期。

探究周遭人們的動力來源

我們已經看到連結員工夢想在波士頓分店所產生的成效，但除此之外還有更多例子。我們在主管充電行程當中分享人生故事和個人動機，不但拉近彼此的關係，還讓我們更加了解自己和企業宗旨之間的關聯。例如我就回想起當初瑪麗蓮·卡爾森·尼爾森（Marilyn Carlson Nelson）面試我擔任卡爾森集團執行長的情形。

「請介紹你的靈魂。」她說。尼爾森真正想問的是，她想知道我的工作動力是什麼，以及它是否和企業宗旨與價值一致。我告訴她，我剛完成羅耀拉靈修課程、屬靈生活對我的重要性，以及我的成長歷程和我對企業獲利與宗旨的看法。當時我們一起搭機從巴黎飛到明尼亞波利斯，九個小時的航程讓我們有充分時間討論這個問題。

幾十年來，「無奸不商」（mean business）一直是主要的企業信條，現在該是把「奸詐」（mean）換成「意義」（meaning）的時候了！我們必須從每個人的個人宗旨開始著手，讓它與企業宗旨產生共鳴。

把握重要時刻

我擔任百思買執行長期間，很少遇到像颶風瑪莉亞（Hurricane Maria）侵襲波多黎各這樣造成社會重大衝擊、影響深遠的時刻。身處美國內陸的我們，起初很難想像受災程度和範圍。當時颶風摧毀了島上的電力和通訊基礎建設，房屋因倒塌或淹沒而嚴重損毀，道路無法通行，醫院也被迫關閉或撤離。

隔天早上，負責波多黎各業務的佛羅里達州區域經理戴維恩・奧塔米蘭達（Davian Altamiranda）還不清楚災區情況。波多黎各三家分店經理每天早上九點會固定與他進行視訊會議，長久以來，三人從未缺席任何一次會議，但這一天卻沒有任何一個人上線，奧塔米蘭達這才知道事態嚴重。百思買在島上的分店和配送中心共有三百名員工，當時我們和他們完全失聯，他們現在人在哪裡？他們是否平安？我們對此一無所知。

我們的團隊立刻採取行動。首先，我們得設法聯絡上該分店的每個人，確保他們的安全。我們逐一找到他們，但這不表示他們都安好。有些人失去了家園和所有財產，而且沒有足以維生的食物和乾淨用水。其中有一位懷孕七個月並患有糖尿病的員工，因停電而無法冰存她的救命藥物。我們在電視新聞上看到大批救援物資正送往島上，但當地員工卻說，他們根本沒看到任何物資。親身面臨種種嚴峻的處境，令他們愈來愈陷入絕望。

這時，奧塔米蘭達致電百思買東南區副總裁安柏・凱爾斯（Amber Cales）：「我們得出手幫忙。」

「你覺得該怎麼做？」凱爾斯問。此時，波多黎各的港口全部都關閉了。

「我需要一架貨機！」奧塔米蘭達說。

「沒問題。」凱爾斯不假思索的說：「我們來想辦法。」

凱爾斯走進老闆的辦公室。「請問，我要如何租一架私人飛機？」她問她的老闆：「先用我的信用卡付錢嗎？」

幾天後，奧塔米蘭達和他的團隊帶著第一批應急物資抵達當地。兩百多名員工在聖胡安分店等著迎接他們，許多人還穿著他們的百思買藍衫。奧塔米蘭達情緒激動的站在店裡臨時搭建的講台上，告訴所有員工，公司並沒有忘記他們。

當時，我們發給每位員工兩百美元，讓他們購買應急物資。即使分店因颶風過後依然關閉，我們仍然發放四個星期的工資，並先預付每人一千美元，讓他們暫時財務無虞。許多員工志願留在當地協助重建社區，我們繼續支付他們工資；七十名選擇撤退回美國本土的員工和家屬，我們則安排他們在佛羅里達各分店工作。

最後，這架滿載著尿布、飲水和食物等物資的專機，總共十四度往返於美國與波多黎各兩地；七度搭載員工返回美國本土，其中包括那位有糖尿病的孕婦同仁。就這樣，我們幫助員工們一點一滴的重建家園，他們也以無比的熱情與忠誠回報百思買。

三個月後，一百多名顧客在剛整修好的百思買聖胡安（San Juan）分店門口等待開店。分店還邀請樂隊為剪綵活動演奏輕快的曲子，全體員工熱烈的迎接首批進門的顧客。

事實上，分店選在這個時候重新開張，一般而言結果會是失敗的，因為它錯過了感恩節後的「黑色星期五」購物季。但此時的我卻開心不已。颶風瑪莉亞侵襲後，我們只花了三個月就重新營業，這已經是企業復原力（resilience）和企業宗旨的最佳模範了。後來，不到一年的時間，三家分店和配送中心全都恢復營運。更值得注意的是，三家分店的業績都比去年成長了一〇％到一五％。

這確實是值得慶祝的亮麗業績！但在我心中，我們的員工在遭逢巨變與創傷之際所展現的相互幫助與扶持，才是真正的成就所在。我們團隊在波多黎各的事蹟，是我在百思買執行長任內最引以為傲的事情之一。其中最可貴的是，我並沒有參與其中，全是由同事們齊心協力的結果。

「這是一個大家庭，我們可不是說說而已。」凱爾斯說：「只要你身穿藍衫，我們無論如何都會竭盡所能幫助你。」對奧塔米蘭達來說，百思買的精神就是「幫助需要幫助的人」。

把握重要時刻，就能放大事件所帶來的正面效果。在接下來的假期領導會議上，我們播放一段影片，從位於波多黎各員工及美國本土參與支援行動的員工視角來回顧這場風災。百思買員工的作為，讓每個人更加具體了解我們共同的宗旨，我們總是說「人員優先」，而在波多黎各真實發生的事件，則證明這個企業宗旨絕非空談。員工看到人們用實際行動追求企業宗旨，而且是由許多人共襄盛舉。這次事件成為我們持續發展的契機。

分享故事、鼓勵效法楷模

說故事能夠串連起我們彼此的心，帶給我們一種分享經驗與人性的感受，我們也總會在聽故事的過程中，自然而然的發現許多意義與靈感。在組織中講述日常故事，那些關於員工、顧客和社區的故事，以及他們對於彼此人生的影響，也能培養共同的宗旨，並和工作夥伴及合作對象建立連結。

要做到這點其實並不難，任何公司都能輕易辦到。百思買便集結許多個人故事，並透過部落格公開發表。從藍衫店員幫壞掉的玩具暴龍動手術（請見第三章）、員工協助因加州大火而無家可歸的退伍軍人和家庭脫離困境，到父子兩代都是藍衫店員的百思買家族，這些都是將企業宗旨付諸實踐的典範。

我發現效法楷模也很有幫助。公開分享有意義的工作經驗、闡明它和企業宗旨的關係，能夠為組織內部建立一種共同的意義感。[1]它還能為員工創造一個有助於確認個人宗旨的環境，並彰顯出宗旨對人生的重要性。即使在「建立新藍衫」計畫進行得如火如荼之際，效法楷模依舊是每次會議的重頭戲。人們開始願意勇敢分享，講述起自己的改變故事、改變對他們的重要性，以及如何使個人宗旨與百思買的企業宗旨相互契合。

在百思買的公司會議中，我們透過講台或螢幕，講述著一個又一個有關宗旨的故事。例如二〇一九年的假期購物季領導會議，一位主管談到自己在百思買度過的二十四年職業生涯賦予他一種宗旨感，而這一切源自於十八歲時，一位店經理對他的啟發。我們也曾在一支影片中看到，一名有聽覺障礙的顧客非常感激我們有會手語的店員。而在另一個故事中，一名居家醫療照護專員協助行動不便的客戶在家中裝設音控燈光開關和門鎖，徹底改善了客戶的生活。

這些故事或許看起來很像企業宣傳的慣用手段，但透過這些故事，一而再、再而三的提醒我們百思買的企業宗旨，思考每位員工對於企業宗旨的貢獻，以及這項宗旨如何改變人們的生活。維繫員工宗旨與企業宗旨之間的連結，對於提升員工工作投入程度實在至關重要。

讓企業宗旨具有意義、又真實

美敦力是一間總部位於明尼蘇達州的醫療設備公司，他們的企業宗旨既有意義、又真實，堪稱為企業典範。多年來，該公司的領導者是我的朋友兼鄰居比爾·喬治，他也是《發現你永恆不變的理念：成為真誠領導人》一書作者。[2]美敦力的企業宗旨確立於一九六〇年，強調透過生物醫學工程應用來減輕痛苦、恢復健康、延長壽命，徹底改變人們的生活。要是美敦力員工一時之間忘了這個宗旨，只要看到一個人從躺著到起身站著的公司標誌，肯定就能馬上想起。

不是只有救人性命的產業才能找到具有意義又真實的目的。「有意義」（meaningful）指的是以員工重視的方式來改變人們生活；而「真實性」（authentic）則關乎可信度，指的是公司的所作所為是否能夠符合並兌現其核心價值。例如，我任職於卡爾森嘉信力旅遊時，曾分析並比較各種交通工具對於環境造成的影響，協助客戶降低他們的碳足跡。這雖然是很有意義的做法，但因為和我們的事業相互牴觸而損及其真實性，畢竟降低碳足跡的最佳方式就是完全不要旅行，但這麼一來，公司生意也不用做了。

第六章提過，百思買得以重生的關鍵所在，就是確立用科技滿足關鍵的人類需求、豐富生活的企業宗旨，並落實在全公司的日常行為上。更確切的說，百思買的宗旨並非來自於媒體顧問在簡報上創造出的神奇公式，而是如同之前提過的，是從觀察「我們是誰」、「我們希望變成什麼樣子」等根源性問題逐漸發展而來，因此將絕對具有「真實性」。

我認為雷夫羅倫的宗旨「以原創和永恆的風格，喚起更美好生活的夢想」也堪稱為「真實性」典範。我到科羅拉多州拜訪羅倫和他夫人芮琪（Ricky）時，更證實了我的看法。我早已知道該公司的宗旨，是源於創辦人羅倫的人生故事：他是白俄羅斯猶太移民之子，從小在布朗克斯（Bronx）長大，從學院運動風 Polo 衫、到典型的美國牛仔系列，他設計的服裝和家居服向來反映著他對終極「美國夢」的看法。

這個夢想真實的鼓舞這個來自小康之家的男孩，引領他一步步締造非凡成功。他位於科羅拉多的家說明了這一切，樸實的平房完全展現他溫暖又和善的性格，從蒙大拿穀倉改造的古董木板到原住民藝術家手繪的錐形帳篷，完全沒有任何刻意或突兀的元素。「喚起更美好生活的夢想」絕不是一個空洞的口號，而是羅倫本人的人生與信念，公司裡每個人都知悉、感受，並受到啟發。

如果你的客戶也是企業，則不難找到彼此宗旨間的關聯之處。畢竟，這些企業也在努力致力於影響人們的生活。例如，我服務於電資系統時，我們的客戶全都是企業，但這些企業本身是在服務個人。我們在開發轉播世界盃足球賽的ＩＴ系統時，就清楚意識到，我們並不只是在「做一個系統」，而是在「為全球數百萬球迷創造良好的觀賽體驗」。因此，不僅是專責小組全力以赴，公司上下更是全體總動員，共同為達成宗旨貢獻心力。

散播意義

最後，將意義貫串公司的營運與政策，能幫助個人以及他們所看重的價值與企業宗旨相連結。這點可以落實在許多意想不到之處，例如百思買於二〇一九年為公司道德規範注入意義。在一般公司，這些規範通常是由律師撰寫，明列出各種員工會被炒魷魚的情況，預防性的舉出所有你**不該**做的事。

二〇一八年，我決定和公司法律團隊一起為這份規範注入生命。我們並未採用充滿法律術語的嚴格條文規範，而是擬定出一份互動式文件，來幫助我們在每天面對每個決定時都能「處於最佳狀態」。

新規範先列出公司的信念、宗旨、行為指引和價值，堪稱為引領我們度過各種棘手困境的指南針。規範著重意圖，用字正面簡單，闡述面對顧客、員工、供應商、股東和社區時的行為準則。例如，面對顧客準則涵蓋廣告、產品安全性和資料隱私，該做什麼和不該做什麼則和公司的宗旨與價值有關。所以，我們無需涵蓋每一種可能情況（事實上，根本沒有任何文件做得到這一點），而是鼓勵人們發揮善意和判斷力。

二〇一九年接任巴拉德擔任百思買零售部總裁的凱咪・史嘉蕾（Kamy Scarlett）為這項做法做出完美詮釋，她告訴分店經理：ＳＯＰ這三個字母指的不是「標準操作流程」（standard operating procedures），而是「服務高於政策」（service over policy）。要做出有意義的事，全靠每一位了解企業宗旨和哲學的員工。

★　★　★

讓每位員工覺得公司在投資他們，因為企業宗旨和自己的個人宗旨與動力兩相契合。能創造出這樣的條件，就是「人性魔法」的第一要素。這份連結能夠深深的影響他人的生活，同時也和「人性魔法」的第二要素直接相關，那就是創造真實的人際連結。

請思考以下問題

- ➡ 你是否清楚你的工作動力是什麼？
- ➡ 你的個人宗旨和你任職的公司宗旨有何關聯？
- ➡ 你知道是什麼驅動你團隊中的每位成員嗎？
- ➡ 你如何協助團隊成員實現他們的目的？
- ➡ 你能如何協助將員工的動力和企業宗旨連結起來？

第十章 第二要素：發展人際連結

我非常確定……那都是愛。

——雪瑞兒・可洛（Sheryl Crow）

史嘉蕾擔任百思買人力資源部總監時，曾毫無保留的與大家分享她的私人故事：「十年來，我沒跟任何人提過我有憂鬱症，因為我不想被貼上標籤或落人口實。更糟的是，我不想要被別人同情。」她在公司部落格如此寫道，叮嚀大家要注重心理健康。

史嘉蕾坦承，當雙親因腦癌而在兩個月內相繼病逝時，自己陷入重度憂鬱。她為了忘掉痛苦而埋首於工作，完全不與親友往來，直到她先生麥克拖著她去尋求協助。於是她開始接受治療、按時吃藥，慢慢平復憂鬱症狀，並努力訓練自己的心智，確保能時時遠離沮喪情緒。

「別人的故事帶給我分享的勇氣。」她寫道：「我秉持著傳承的精神，希望自己的例子也能帶給你們勇氣。」

史嘉蕾自我揭露的勇氣，獲得百思買員工泉湧般的迴響，許多人的心靈被她的故事深深觸動，甚至從她的經歷中看見自己。後來，這篇文章獲得數百則回應，還收到三百七十一封電子郵件，每封郵件都訴說著一個動人的生命故事。有次史嘉蕾巡視分店時，一名年輕女性向她傾訴，過去的她曾意圖自殺，因為讀了她的文章，因而得到繼續努力活下去的勇氣。

我們在第九章提過，建立個人宗旨與企業宗旨間的關聯，能讓員工全心投入工作，進而展現非凡績效。釋放「人性魔法」的第二要素，則是創造一個讓這個關聯能開花結果的環境，就像史嘉蕾為她的同事所做的那樣。

攸關工作投入程度與績效的人際連結

蓋洛普「工作投入調查」的第十個問題是「你在工作上有沒有好朋友？」記得我還在卡

爾森嘉信力旅遊服務時第一次聽到這個問題，當時的我抱持懷疑的態度，因為這個問題聽起來太空洞，很難想像會為員工帶來什麼價值。我在學校學的是嚴謹的邏輯思考、科學、數學和數據分析。我一路從麥肯錫、電資系統、威望迪到卡爾森嘉信力旅遊，莫不深信有效領導力的重點在於：智慧、理性、勤奮——還有，沒錯，也要善良。但工作上有莫逆之交和工作績效有何相關？

然而，在我任職於卡爾森集團後慢慢開始明白，在職場上有好朋友也許真的很有用。當時，我從卡爾森嘉信力旅遊轉任過來時，卡爾森集團依舊擁有旅館和餐廳連鎖事業。像星期五餐廳（TGI Friday's）這樣的連鎖餐廳，每一家分店有著一樣的經營策略、一樣的裝潢、一樣的菜單，但各分店業績卻天差地遠。

為什麼會有如此大的業績差異？癥結在於「人」的因素。換句話說，經理如何對待員工，也就是在告訴員工該如何對待顧客。我發現，當管理者創造一個讓每個人都感到有歸屬感與重視的環境時，員工自然會全力以赴的投入工作。

二〇一二年，當我進入百思買時，對蓋洛普「工作投入調查」第十題的看法已經完全不同。歸根究柢，員工並不會因為主管智慧非凡、能力卓越而全心全意投入工作。他們對於工作的投入程度，取決於他們感受自己受到多少尊重、重視和關心，這正是好朋友會為彼此做的事情。

我們無法在不與他人建立連結的情況下生存。事實上，根據一項研究顯示，人際連結正是居住於「藍色寶地」（Blue Zones，包括日本沖繩和義大利薩丁尼亞島等地）的人之所以較長壽、生活品質較佳的原因。[1]這裡所謂的「人際連結」（human connections），包括：擁有歸屬感，以父母、配偶和子女等家人為優先，以及互相幫助的社交圈。例如，沖繩有所謂的「模合」（moais，日文為もあい），指的就是一群終其一生的好友。

對人際連結的基本需求，在新冠肺炎疫情肆虐期間尤其顯著。面對隔離與封城，除了透過科技的虛擬連結需求激增之外，像是中國、義大利的人們還在自家陽台唱歌和演奏，來提醒周遭的人們並不孤單，以緩解獨自監禁感對心理健康造成的重大影響。

我看待工作中人際連結的新觀點，也影響我在百思買第一場假期領導會議上的做法。當時公司的利潤和營業額不斷下滑，重整計畫尚未出爐，連市場分析師都在草擬我們的訃聞。

我不大記得那天我是怎麼說的，如果你問在場的人，也許很少有人記得我說了什麼。但我認為即使過了很久，當天在場的許多人都能告訴你他們開完會時的感覺，那就是湧現希望和信心，或許再加上務實的急迫感。會議中的我一派輕鬆、樂觀，但也很誠實。然而現場每個人會後都感到精神煥發，因為他們相當清楚一件事，那就是分析師的看法一點也沒錯：百思買再不改變，就等著滅亡！

等我卸下執行長，開始擔任執行董事長後，更加確定同事絕不會記得我有多聰明、或我多善於執行計畫。人們會記得的，只有他們的感受。正如我收到的暖心訊息，給予我一種希望、力量和鼓舞的感覺。

雖然現在的我相當確信，人際連結是增進員工工作投入不可或缺的因素，但這卻不是大學商學院和一般公司會議室中會思考及談論的主題。我認為這一點必須改變。因為，即使我們為公司找到有效的策略，最後還是得靠「人性魔法」來創造非凡績效。

★ ★ ★

我進入百思買以後，已經很清楚人際連結**為何**重要，但直到在擔任執行長後這幾年，才開始真正知道**如何**創造人際連結。我的前同事巴拉德常說，企業不是沒有靈魂的實體，而是由為共同宗旨而努力的個體所組成的人性組織。為了釋放「人性魔法」，每個人都必須在工作中感到自在、有價值和受重視，並保有做自己的空間和自由。唯有如此，人們才可能在工作上全力以赴。要創造這樣的環境，就要先做到以下幾點：

- 將每個人視為獨立的個體，促進尊重的價值。
- 創造安全、透明的環境，以建立信任。
- 鼓勵示弱。
- 發展有效的團隊動力。
- 確保多元化和包容性。

以上幾點，已經成為百思買策略性轉型的支柱和企業靈魂。

視每個人為獨立的個體，促進尊重的價值

「讓人們覺得自己是偉大的，」巴拉德說。我完全認同這個想法，而且無論公司大小，都必須這麼做。對於一般公司而言，一名總經理約有五到十位直屬下屬、直接和數十人打交道。我待過的公司也都是這樣，電資系統法國分公司有三千名員工，卡爾森嘉信力旅遊有兩萬兩千名員工，而百思買則有十二萬五千名員工。不管公司的總規模大小，對我的做法並無影響。所謂「管理」，不應視為要親自領導所有員工。

我深深記得某次員工焦點小組聚會中，有位年輕的藍衫店員分享自己被視為「獨立的個體」對他造成的影響。他十八歲時被錄取進入百思買工作，那時他是個既害羞又沒有自信的人。當他分享「在百思買最有意義的經歷是什麼」時，他立刻談起區域經理來視察時的情景。這名經理就是當初錄用他進百思買的人，不但立刻認出他、還叫得出他的名字。這只是一個小小的互動，卻在他心中留下難以磨滅的印象。他感受到自己不光是個店員，而是被人認識且受看重的個體。經過兩年的磨練，如今這位曾經害羞又自卑的男孩，逐漸變得更加成

功與自信。

這讓我回想起年輕時在超市暑期打工的可怕經驗（參見第一章），當時店裡根本沒有人認識我，我深深的覺得到自己一點都不重要，我做的事也不重要。正是基於這個親身經歷，讓身為百思買執行長的我傾盡全力，讓所有員工覺得他們和他們所做的工作非常重要。

史丹佛大學教授查爾斯．奧萊利（Charles O'Reilly）和傑弗瑞．飛佛（Jeffrey Pfeffer）在《隱藏價值》（*Hidden Value*）中提到，企業之所以成功，不是因為他們延攬更厲害、更聰明的人才，而是因為他們發現如何幫助員工發揮潛能、幫助所有利害關係人一起成功。[2]所謂「人見人愛的企業」（firms of endearment），是一個了解每位員工無論職位高低都能貢獻價值的公司。[3]他們對待員工的方式，就像對待顧客一樣慎重，能夠尊重他們，並深入了解他們的需求。

尊重他人，始於承認和認可。法國哲學家笛卡兒（René Descartes）說過一句名言：「我思，故我在。」（Cogito ergo sum）若想創造一個真正的人性組織，我認為更有力的說法是：「我被看見，故我在。」在拉爾夫．艾里森（Ralph Ellison）於一九五二年出版的經典小說《看不見的人》（*Invisible Man*）裡，非裔美籍男主角講述他在社會中經歷各式各樣被人無視的處境，感覺自己彷彿是個隱形人。令我感到驚訝的是，這樣的處境依然存在於現今社會。二〇一六年，百思買成立少數族裔員工與主管焦點小組，結果發現，拉丁裔和亞裔員工多半適應良好，但這些員工卻不覺得自己被重視，甚至是完全被忽視（本章稍後會加以詳述）。

所謂的「尊重」，意指接受別人的真實自我和本來面貌。百思買人力資源部門有位變性員工申訴，認為公司沒有全額給付他的變性手術費用，公司檢視既有福利後，決定支付胸骨植入和面部女性化等美容手術費用。我們為什麼只因為一個人的申訴而改變公司的既有政策？人力資源部總監史嘉蕾的說法解釋了一切：「因為她值得。」

創造安全、透明的環境來建立信任

二〇一四年的黑色星期五，我的手機在凌晨四點響起。是百思買電子商務部總監瑪麗·

盧・凱莉（Mary Lou Kelley），她打電話來通知我公司官網因為流量暴增而當機。在全年最忙碌、最重要的一天發生這種事，殺傷力真的很大！眼前我們只能做一件事：團隊合力修好它。結果我們確實做到了，那年購物季的營業額出現四年來同期首度成長。

每當我想到信任，腦海中就會浮現接到那通電話時的場景。壞消息的傳播速度絕不亞於好消息，我們需要確信每當問題出現時，每個人都會專注的去解決它，而不是互相推卸責任。信任來自於支持彼此，尤其是在最艱困的時刻。要是凱莉擔心承認問題會被炒魷魚，我可能就不會接到那通電話，若是如此，那麼最糟的情況將直接成真。

只有在人們信任彼此的時候，才會建立起真正的人際連結。全食超市（Whole Foods）創辦人兼執行長約翰・麥基（John Mackey）和西索迪亞在《品格致勝》（*Conscious Capitalism*）中，將信任和關心定義為他們所謂「自覺文化」的兩大要素。[4]人際間一旦缺乏信任就會恐懼，而恐懼會扼殺敬業精神和創造力。

如何建立人際之間的信任感？你需要四件事：首先，你需要時間；其次，你需要言出必行；第三，你需要平易親民，人們無法信任那些根本見不到面的領導者；第四，你的行事必須透明化。

史嘉蕾和許多百思買員工都能安心的分享他們的故事，而他們的坦白也鼓勵其他人表露自己的弱點。[5]安全是人類基本需求，也是前福特汽車執行長穆拉利「紅綠燈系統」的基礎。還記得嗎？這個制度鼓勵主管提出目前遇到的問題，並鼓勵大家一起解決。如果犯下錯誤、不知道解決方式、事情處理得不夠完美就會被視為脆弱，則沒有人會感到安全。

穆拉利深知必須透過清楚的行為準則並確實執行，才能培養信任和安全的員工。福特公司希望所有人都不去調侃別人或批評不在場的人，必須全心支持團隊。穆拉利不允許違反這些原則的行為，以確保團隊成員能夠信任彼此並互相幫助。

業界都知道，如果有人在商業計畫審查會上滑手機或私下交談，他會立即中斷會議，盯著犯規者，然後說：「顯然你有比拯救福特汽車公司更重要的事要處理。把問題說出來，讓我們大家幫助你吧！」尊重才能建立信任，才能讓大家保持專注。而對於做不到行為準則的人，他會笑著對對方說：「沒關係，你不是非得在這裡工作，由你自己決定。」

鼓勵示弱

長期研究「脆弱」議題的布芮尼・布朗說：「脆弱是讓關係更緊密的黏著劑」。[6]她提醒我們，展現脆弱、秀出真我，才能找到熱情所在、真正獲得歸屬，以及建立起真實的連結。而這份對待人的真誠，正是創造力、快樂和愛的來源。[7]同樣的，企業除了雇用和拔擢具備愛與關懷特質的人之外，想在工作上創造更多的愛與關懷，就要鼓勵人們公開表達愛與關懷。[8]

當公司領導者像史嘉蕾這樣勇於分享自己與憂鬱症搏鬥的經驗，等於在公開傳達：我們都曾經歷相同的人生困境，不需要隱藏自己或不好意思求助。此外，身為執行長自然也不能置身事外，我剛加入百思買時就坦白告訴團隊，這次的重整會很困難，我們每個人都必須成為最好的領導者，而且從我開始做起。我告訴大家，我的企業教練葛史密斯會蒐集大家對我的意見。收到意見後，我向大家表達誠摯的感謝，並說明我從中選出三個問題來要求自己做得更好。雖然這只是一個小小的舉動，但我認為有助於為公司的重整定調。

然而對我而言，展現脆弱並不是件容易的事。儘管我現在已經能夠真心接受不完美和他人的意見回饋，但我自小就相信，工作和私人生活不應混為一談，不應該把私人情緒帶到工作上。而且老實說，當時我的狀況並不好。

當我一進入百思買，就一股腦兒的投入重整工作之中，刻意不去觸碰剛遭遇離婚的痛苦，事實上，離婚讓我背負著深深的挫敗感。我花了好幾年時間才能敞開心扉和朋友談論此事，這不僅讓我得以整理情緒、治癒創傷，還讓我在工作中更能展現那個真實的自我。這段親身經歷讓我開始能用我的心和直覺來領導，而不再光是用我的頭腦。

展現脆弱不代表要全盤托出你的隱私，而是要分享那些真實、相關、又能幫助別人的事情。[9]因此，在二〇一九年的假期領導會議上，當有位女性主管分享她在一個雙親酗酒的家庭長大、高中沒能畢業、經歷過好幾段失敗的同性愛情，然而這並不只是個「來認識我」的故事。這名主管告訴我們，這些原本都是她覺得丟臉、從沒想過會說給別人聽的事情，但現在她決定分享自己的故事，因為這場會議是個「天時、地利、人和」的機會：她在工作上找到一種家的感覺和讓自己感到安全的所在，讓她有了做自己的勇氣和空間，能再度相信別人、選擇寬恕過去。她揭露自己的脆弱來鼓勵別人勇敢做自己，找尋那個屬於自己的聲音。

展現脆弱需要勇氣。但正如這名女性主管和史嘉蕾的故事告訴我們的，在一個充滿信任與尊重的環境裡展現脆弱，會讓人們真心想要幫助你，而你也給予他們尋求幫助的許可。這種真誠的連結讓我們建立起互相支持的環境，這也是人們常會描述百思買像個大家庭的原因。

領導者有時必須在脆弱之中做出艱難的決定，並帶給人們前進的希望。二〇二〇年三月十九日，萬豪國際執行長阿恩．索倫森（Arne Sorenson）在疫情期間為員工錄製的談話影片，就是關於情緒智商（emotional intelligence）和脆弱的大師級作品。他一出現就讓許多人嚇一大跳，因為接受胰臟癌治療，他失去了原本濃密的頭髮。影片中，索倫森先為確診新冠肺炎的員工加油打氣，然後說明疫情造成的影響，以及各國政府為因應疫情而採取的限制措施，正重創萬豪酒店的業務。

他不粉飾太平，也不驚慌害怕，不急不亢的娓娓道來公司對抗危機的做法，例如：暫停招募新人並刪減行銷和廣告支出；他本人到年底都不支薪，執行團隊全員減薪五〇％；全球員工工作週數縮短，並實施無薪假。

接著，他談到中國的復甦跡象為各國帶來一些希望。他回想自己過去在萬豪的八年時光：「我可以坦誠的告訴各位，我從沒遇過比現在更感到痛苦、艱難的時刻，最讓我感到痛心的，莫過於我們公司的核心，也就是我最珍視的同事們。現在的狀況，連身為公司決策者的我們都無法控制。」他哽咽的說道：「我從未如此堅定，誓言要讓我們共度難關。」

最後，索倫森仍然做出充滿希望的總結，展望未來全球疫情結束後，人們將再度展開旅程：「我們期待旅客終將再次遊歷這個美麗的世界。當那美好的一天到來時，會以我們舉世聞名的溫暖和關懷歡迎所有旅客。」他的談話誠懇、真摯且打動人心，令人感到振奮與鼓舞。[10]

發展有效的團隊動力

為了創造出高績效團隊，必須將每個人的最佳願景轉換成集體的最佳願景，要做到這一點，需要藉由人際連結。

二〇一六年，百思買正從「重建藍衫」的重整計畫轉向成長策略，我們意識到，該是將目光焦點從「確保由對的人做對的職務」移向「提升整體團隊績效」的時候了。我們請來企業教練普林納來指導包括我在內的高階主管（第三章）。一開始的目標是增進我們每個人的表現，但很快的，大家發現這個目標需要調整。

正如普林納所說：「最佳的團隊是一個頂尖團隊，而非一群頂尖隊員。」確實，我們有很多頂尖隊員，但還沒能成為頂尖團隊。

為什麼？普林納為我們診斷出兩個主要原因。第一、主管們往往有英雄心態，他們自認是高效能人士，所以傾向單打獨鬥解決問題；第二、重視「照顧」（caretaker）甚於「關懷」（caring），這兩者之間有著微妙且重要的區別。我們想照顧他人、包容他人的過錯，所以總是避免直接對同事說重話，以免傷了他們的心。

於是，普林納先確認我們每個人各方面的特質，例如對互動、控制和反省的需求度，以及變得情緒化的可能性等等，以幫助我們了解彼此的不同。接著，他對每個人提出個別意見，並在圖表上標出我們各自所在的位置。最後，為了讓這個做法持續奏效，他將整間會議室當成圖表，讓我們親身體驗自己處在這些方面不同的相對位置。看著每個人被「標在哪個位置」是十分有趣的體驗，讓我們從直觀的視覺和知覺上，感受到彼此的相似與相異之處。

了解彼此在需求和思考方式上的差異，能夠幫助我們建立更好的互動關係。這不表示我們需要委屈自己去迎合別人，而是讓我們更容易看出自己為何容易激怒別人，並了解自己的行為帶來的後果。經過這樣的了解，未來我們在會議室裡的態度與應對，就能從「你這麼做會激怒我」，變成「如果我稍微調整呈現方式，就能各取所需、皆大歡喜。」

另一個讓人印象深刻的時刻，是當普林納問這些高階主管：「你主要隸屬於哪個團隊？」理所當然的，大家都回答各自領導的部門，像是商品銷售、行銷、供應鏈、零售、財務或人力資源等等。沒有任何一個人說自己是「高階主管團隊」（也就是他們現在正參與的這個團隊）的一份子。這意味著，我們顯然依舊是一群頂尖的球員。直到當時擔任行銷長的莫漢終於想到，高階主管團隊也是他所隸屬的團隊，情況才開始出現改變。

為了強化彼此間的連結，我們還學到從「照顧」改成「關懷」、從「我不想傷害你的感情」改成「坦率說出心中想法」。我們進行「繼續－開始－停止」（continue-start-stop）的練習，學習在嘗試了解對方時，應該「繼續做什麼」、「開始做什麼」，以及「停止做什麼」。於是，我們這些高階主管的關係從過去的避免衝突、完全不唱反調的「明尼蘇達式友好」（Minnesota nice），變得更加開放與坦誠。

多年來，我們每一季都會安排一天（每年大約合計一個工作週）接受普林納的指導，練習成為一個更有效率的主管團隊。如果有人在二十年前、甚至十年前告訴我，日後會特別花時間為自己和同事建立更好的工作關係，我一定會難以置信地搖頭說：「真的嗎？我們會花一天到一天半的時間談論我們自己、我們的感受和彼此的關係？」從前的我並不了解，一年投資一週時間來建立更有效率的團隊，價值將遠遠高於花相同時間來研究報表或銷售數字。

確保多元化和包容性

將員工視為獨立的個體並藉此釋放「人性魔法」，本質上就是在確保多元化和包容性。

我撰寫本書時是二〇二〇年，多元化和包容性已經明顯成為刻不容緩的議題。建立鼓勵多元化的環境，有助於大幅提高員工投入程度和公司績效。[11]從這個角度來看，多元化和包容性絕不是點綴性的政策宣示，而是企業追求成功的關鍵要務。

創造「人性魔法」需要多元化和包容性，指的當然是創造一個能考量到性別、種族、族群和性向的友善空間，不過我還會把認知、年齡、社會和文化等多元性因素列入考量，讓每個人都能做出貢獻，並因自己獨特的看法和經驗而受重視。

雖然許多企業已致力於提升多元化，但改變速度通常十分緩慢。我們天生偏好長相和思維與自己雷同的人，或多或少都具有排他性，尤其是在性別和種族方面。想要克服既存的不平等，光靠個人善意或者多元、平等和包容的計畫絕對是不夠的，還需要領導者展現領導力，展開大膽且持續的行動。關於這點，我在百思買的這幾年，在多元化和包容性上尤其獲得許多深切的體悟。

二〇一二年，百思買的藍衫店員來自各個族群，員工背景相當多元。但分店經理以上的職位，很明顯是以白人男性為主。例如，每五位分店經理當中，女性僅不到一位，而區域經理則全都是男性。這個領域一向都是男性寡占，許多女性獲得晉升甚至會感到不自在。至於有色人種擔任經理職位的就更少了，尤其是非裔美籍。會造成這種狀況，有部分原因是出自地方人口特性：從歷史角度來看，明尼蘇達州的白人居多，有許多來自德國、挪威、瑞典、芬蘭和愛爾蘭的移民。不過近年來，該州種族已經更多元化，包括拉美裔、索馬利（Somali）和亞裔移民都持續增加。儘管如此，人口的多元化卻仍未反映在百思買的主管職位上。

這表示我們還有待努力。

我們從最高層開始做起，而我何等有幸能迅速改正管理團隊裡失衡的狀況。我開始思考：如果員工在會議室裡看不到和他們同一族群的主管，就不會覺得自己有升遷機會；如果他們覺得升遷無望，就不會全力以赴。有足夠研究證實，女性高階主管多的公司績效較佳。[12]我長期和女性共事的經驗也支持這一點：瑪麗蓮．卡爾森．尼爾森先後在卡爾森嘉信力旅遊和卡爾森集團擔任我的老闆多年；我負責管理威望迪遊戲時的上司阿格妮絲．涂漢（Agnès Touraine）也是女性。

於是，傑出女性陸續進駐百思買主管團隊、擔任要職，從財務長麥克寇蘭，到前後負責電子商務的巴拉德和凱莉，《財星》（*Fortune*）雜誌還為此特別在二〇一五年刊出一篇報導，標題是：「拯救百思買的女性」。[13]我從過去經驗和相關研究中，了解到如何確保女性員工獲得應有的重視和升遷。例如，女性領導力專家莎莉・赫爾格森（Sally Helgesen）和我的企業教練葛史密斯，在書中列出阻礙成功女性更加成功的十二項習慣，它們和男性會表現出的習慣很不一樣。[14]

舉例來說，和男性相比，除非女性非常確定自己具備所有條件，否則很難宣揚自身成就或積極爭取職位。我發給百思買所有主管一本赫爾格森和葛史密斯的著作，目的在於希望大家知道：我們必須努力理解每個人行為上的差異，否則將無法真正促成改變。二〇一九年的上半年，百思買從外部雇用的幕僚人員當中，有五八％是女性，同年更誕生首位女性執行長——蔻芮・貝瑞。

改選百思買董事會也是我們推動多元化的努力之一。董事會需要更多元的能力、觀點和經驗，以支持艱難的重整工作及後續的重大成長計畫。我們從二〇一三年開始延攬具備豐富企業改造經驗的人才；以創新、科技、數據和電子商務為強項的董事；最近還開始徵求醫療產業的資深領導者。我在二〇二〇年撰寫本書之際，百思買董事會是一個兼具各種專業、性別和種族的多元組合，每一個人都為公司做出寶貴貢獻。在十三位董事成員中，有三名非裔美籍與七名女性。要讓董事會的多元性發揮最大效用，就不能只做表面工夫，得要找出對的專業人士並形成群體效應，讓不同的觀點和看法激盪出更好的效果。[15]

員工之間的種族不均更難矯正。二〇一六年，我帶領的少數族群員工和經理焦點團體讓我痛苦的認清一件事：我們的非裔同事往往卡在低階職位，很少有升遷機會。在總部，他們覺得被困在客服中心，從未被列入升遷的考慮人選。百思買的總法律顧問基斯・尼爾森（Keith Nelsen）是非裔員工資源小組（Black Employee Resource Group）的發起人，即便他不斷為非裔員工積極爭取，但他們依然很難獲得升遷。許多來自其他州的有色員工感到自己像是被流放到明尼蘇達，他們發現在地同事很少注意到，他們的人生經驗其實與一般明尼蘇達州民很不一樣。

在這些焦點團體中的見聞不僅讓我大為震驚，而且坦白說，甚至讓我感到很受傷。身為一個住在明尼蘇達州的法國白人，過去沒有機會接觸到有色族群所面臨的挑戰。這使我意識到在推動各種多元化改革上，自己的經驗竟是如此貧乏。我需要做得更多，首項要務就是要更深入的了解少數族群，尤其是非裔同事所面臨的系統性障礙。

負責提升公司多元化和包容性的霍華德・藍金（Howard Rankin）推動「反向」師徒計畫（"reverse" mentor program），將主管和員工配對，以增進主管對族群差異的了解。我很幸運有蘿拉・葛萊妮（Laura Gladney）這樣的導師，她是在供應鏈管理部上班、育有兩名子女的非裔媽媽。我們每個月討論一次，幫助我透過她的雙眼來了解世界萬象，尤其是百思買這家公司，讓我得以感受歷史的重量，了解在美國身為非裔美國人的處境。例如，蘿拉告訴我明尼蘇達州聖保羅市的龍多（Rondo）社區曾是個非常繁榮的社區，但在一九五〇、一九六〇年代因為新建的I－94公路貫穿社區而元氣大傷，家庭一個個遷走、商店一間間倒閉。蘿拉因為自身的經歷，非常認同其他同事認為公司缺乏職涯發展機會的看法，她差點也因此離開。她還幫助我更深入的了解歷史悠久的黑人學院和大學，讓我意識到我們長期錯失這個豐沛的人才招募管道。

在同事的建議下，我還認識了美樂蒂・霍伯森（Mellody Hobson），她是芝加哥一家財務管理公司總裁兼執行長，並擔任星巴克、摩根大通（JP Morgan）等多家企業的董事。

「你需要用商業術語來表達。」當我們在紐約一起喝咖啡時，霍伯森對我這麼說。企業必須思考顧客的人口特徵，才能了解並滿足他們的需求。她以公共廁所中的自動感應水龍頭和給皂機為例，這些設備會讓非裔人士相當苦惱，因為紅外線感應不到黑皮膚。而在以白人為主的企業裡，沒有人想到要用深色皮膚來測試紅外線。類似的案例層出不窮，包括Google相簿差勁的人物標記功能和充滿偏見的面部辨識軟體，都是因為開發團隊的臉孔數據和照片資料庫的多元性嚴重不足。[16]

百思買將提高多元化和包容性的努力重點放在員工、工作場所、供應商和社區上。我們放寬求職者候選名單來擴大我們的招募範圍，做法包括在傳統黑人學院與大學設立招募計畫和獎學金。在二〇一九會計年度的上半年，從外部雇用的幕僚職位中，有二〇％是有色人種，外部雇用的分店店員中，有色人種則占五〇％。

然而，改變的速度依舊不夠快。百思買一向偏好內部招募，這樣做能提供許多優勢，但會讓多元化改善速度變得非常緩慢。此外，有色族群員工流動率雖然與其他族群有拉近的趨勢，但依舊居高不下。我們要努力的地方還很多。

除了推動更多元化的招募方式之外，我們也努力為少數族群員工提供更多支持，例如訂定「一對一多元化導師制」（one-on-one diversity mentorship program）來幫助職涯發展。現在，多元化和包容性已經成為百思買主管的評鑑標準之一。

百思買也像其他公司一樣，利用購買力來影響供應商一起做出改變。例如，我請公司總顧問向法律事務所說明，表達希望外部合作團隊的組成上能夠多元化；否則，我們很樂意改與其他人合作。

如此大力推動多元化，難免會令許多人感到不安；增加少數族群的名額，總是會被解讀成排擠其他族群。二〇一六年，我在對員工演講時提到，我們公司的樣貌和許多公司一樣，充斥著「老、白、男」，現場有位員工覺得受到羞辱，於是向人力資源部投訴。我講那番話的用意是自嘲，畢竟我自己就是個白人男性，但我還是公開道歉了。

我認為這是一個大好機會，能讓像我這樣的白人男性覺悟到自己是多麼幸運，並且試著切身體會其他人過去的經驗與感受。那些抱持零和遊戲觀點的人忽略了一點：不多元、大家都遭殃。就像如果把雷曼兄弟公司（Lehman Brothers）換成「雷曼兄弟姐妹公司」，我相信故事將會有截然不同的發展。

★　★　★

百思買廣受各界讚譽，《富比世》（*Forbes*）和 Glassdoor 職場評價網站都稱我們是「最理想的工作場所」。每當問及原因，多數員工的答案都很相似：百思買像是一個大家庭，它讓我有家的感覺。這是他們每天早上想去上班的原因之一。這種員工與公司之間的真誠連結感，來自於尊重、信任、脆弱、有效的團隊動力，以及多元化和包容性。

當公司內部具有如此強大的人際連結，再加上崇高的公司宗旨，就能創造出大幅提高績效的「人性魔法」。在下一章中，我們將繼續討論五大「人性魔法」要素的第三項：自主性。

請思考以下問題

- 你在職場上有好朋友嗎？
- 你覺得你在工作上有被別人視為「獨立的個體」來對待嗎？為什麼？
- 你能信任你的團隊嗎？為什麼？
- 你是否能在工作上自在的展現脆弱？同樣的道理，當別人向你展現脆弱時，你能否自在面對？為什麼？
- 你是否能根據團隊成員各自偏好的溝通模式，用不同的方式來建立連結？
- 如何增進職場的多元化和包容性？你能想到什麼更好的做法？

第十一章 第三要素：強化自主性

人類天生有自主、自決和與人連結的動機。當這份動機被釋放出來，人們會更有成就、過著更豐富的生活。

——丹尼爾．品克（Daniel Pink），《動機，單純的力量》（*Drive: The Surprising Truth about What Motivates Us*）

我在一九八六年認識莫里斯．格蘭吉（Maurice Grange）時，他已經接掌巴黎的漢維布爾電腦多年，我則是一個年輕的麥肯錫公司顧問，主要工作是負責協助該公司改善顧客服務。當時的我驚訝的發現，各分區的顧客滿意度竟是天差地別，但整個區域加總起來，一消一長後，還是能產生不錯的平均成績。

我在會議上建議格蘭吉，應該要看分區的數字，這樣才能更了解績效高低落差的原因，並讓區域經理為所隸屬的分區成績負責。

「年輕人，」格蘭吉對我說：「讓我向你介紹母馬理論。」

「母馬理論」？老實說，我完全沒聽過，不過我感到很好奇。

接著，格蘭吉向我娓娓道來：假設農場裡有一隻母馬，這隻母馬走路時一跛一跛的，看起來很痛苦，因為有顆石頭卡在她的蹄子上。於是農場主人找來獸醫，獸醫必須抬起馬蹄，然後用鉤子把石頭取出來。但如果獸醫一直抬著馬蹄，站著的母馬就需要額外支撐，會逐漸把重量加諸在獸醫身上。獸醫絕不可能承受整匹馬的重量，勢必會被壓傷。唯一的辦法就是放手，迫使母馬自己想辦法站著。

格蘭吉說，如果身為經理的你想支撐整個團隊、解決他們的問題，他們就會愈來愈依靠你。即使這麼做短期上可能會獲得不錯的效果，但隨著肩負愈來愈多重擔，你終將被壓垮。他的意思是，如果由他親自插手去管理地方業務，就是在幫區域經理做他們該做的事。他必須放手讓他們自己處理。

這和我在學校學到的科學管理和策略規劃方法天差地遠！

前美國國防部長羅伯特・麥克納馬拉（Robert McNamara）就是落實傳統方法的典範，在管理可以是純科學的預設前提下，進行規劃、組織、指揮和控制。由一小組聰明人位居高層，從數據和統計分析來訂定合理的計畫，然後交由下屬執行。麥克納馬拉主掌五角大廈期間留給人們最深刻的印象，就是讓美國捲入災難性的越戰泥淖。正如他後來意識到的那樣，過度依賴可量化數據的分析，不僅會忽略動機、希望、疏離、仇恨等重要卻無形的人性因素，還很可能容易受偏頗或有瑕疵的數據所誤導。人類並非無所不知、無懈可擊，領導者當然也不例外。

不過，幾十年過去，麥克納馬拉過度分析、由上而下的做法，在商業領域依然位居主導地位。因此，當我聽到格蘭吉的「母馬理論」，我的第一個反應是想反駁他。當時的我沒意識到，對於數據和邏輯推理的熱愛正阻礙我看清事實。當然，數據分析還是非常有用的，但這並不表示我們必須採行不合時宜的管理方式。在現代商業競爭環境中，愈來愈要求員工的情緒智力、敏捷度與彈性，員工自主性（讓他們為自己負責）已經成為追求企業成功不可或缺的關鍵要素。[1]

在多數情況下，決策不能（也不應該）由上而下。

你可能會問：這和「人性魔法」有什麼關係呢？

所謂「自主性」，指的是有能力控制自己要做什麼事、要什麼時候做、要和誰一起做，它是引起我們內在動機的關鍵要素，能夠導致我們產出更佳的表現。[2]自主性讓我們發揮創意來進行思考，能孕育各種創新點子。當我們不能自由的嘗試各種可能性，就不會誕生創新。

自主性也有激勵的力量，因為它讓人更有成就感。很少有人喜歡總是由別人告訴他該怎麼做，我自己就對此十分反感。研究也顯示，工作壓力不僅與工作性質有關，更和人們控制和安排自己工作的自由度直接相關：自由度愈低，工作壓力愈大。[3]

透過以下方式，能夠幫助你創造一個全新的企業環境，在這樣的環境中提升員工自主性，將有助於釋放「人性魔法」（而非恣意妄為的混亂）：

- 下放決策權。
- 多採用參與式流程。
- 採取敏捷工作法。
- 視技術和意願做調整。

讓我們來一一檢視。

放手吧！下放決策權

二〇一六年，我和貝瑞一起搭機前往聖安東尼奧（San Antonio）。當時「建立新藍衫」成長策略才剛宣布不久，貝瑞掌管我們的策略性成長辦公室，負責研發並測試新的服務構想。貝瑞的團隊正在聖安東尼奧進行「家中顧問」服務測試計畫，我們將去見證他們的測試結果。

飛行途中，貝瑞讓我瀏覽一份簡報，幫助我了解這個計畫目前的進展。簡報中呈現出，這個計畫在幾個測試點都成果斐然，接下來，應該可以繼續拓展至佛羅里達和亞特蘭大。我想確認一下此行目的，於是我問貝瑞，這次我來聖安東尼奧，是不是要我決定接下來是否要開發這兩個市場。

「不！」她說：「我已經做出這個決定！」

我開心的笑了出來，這就是百思買邁向成功所需要的自主性（其實也是所有企業都需要的）。原來他們安排我來聖安東尼奧的唯一目的，只是讓我親眼看看計畫，了解一下最新發展而已。

這意味著我們的主管團隊在教練普林納的指導下，已經有所轉變。為了增進團隊的運作效率，我們邀請普林納帶領我們練習如何做決定。過去在「重建藍衫」的重整模式階段，在每個重要的決策時刻，我都一直坐在駕駛座上，此時此刻，我深深的意識到，現在該是改變的時候了。

誰該做決定？

我們首先檢視**誰**該做出決定，也就是應該由哪個層級來進行決策。普林納表示，決策應該盡可能由較低階的層級人員來負責，而非高階主管。為什麼？因為基層員工往往更擁有做決策時所需的足夠資訊或最佳資訊。但對於像百思買這樣的大型零售商而言，下放決策權並不容易。公司是由銷售、行銷和通路等部門組成，決策一般會由這些部門的共同上級主管負責。

不過，我們還是有機會改變。例如，分店經理以往使用總公司發展的銷售腳本來訓練藍衫店員，提供他們與顧客對話時的參考。但他們很快就發現，如果要店員真心和顧客互動，就必須被賦予做自己的自由，以及依照情況自行做決定的權限。一旦我們確立「以科技豐富顧客生活」的企業宗旨，要真心做到這一點，我們的員工所需要的就是自主權。

更明確的說，總公司該提供的是我們「為什麼」要堅持這樣的理想與宗旨，而非「如何」遵照固定的銷售腳本。而這樣的模式，唯有在第十章提到的充滿信任和尊重的環境中，才有可能真正實現。

亞馬遜的「不同意，但執行」（disagree and commit）準則，正是這種決策方式的典範。貝佐斯在一封給股東的信中，說明公司為什麼應該將每一天都當作第一天，他提到自己並不看好亞馬遜工作室（Amazon Studios）原創產品的提案，但他的團隊看法正好相反，但是他仍全力支持這項計畫上路。

「請注意，別幫這個案例畫錯重點。」他解釋道：「我不是在心裡對自己說：『唉，這些人誤判又失焦，但這不值得我花時間去處理。』而是面對嚴重意見分歧時，我選擇坦誠的表達個人觀點，讓團隊有機會去思考和權衡，然後我會迅速、真心的允諾他們放手去做。」[4]

練習如何做決定

除了誰該做決定以外，普林納還要我們練習**如何**做決定。在他的協助下，我們學會運用所謂的RASCI模型（見第三章），這五個字母分別代表「負責」、「當責」、「支援」、「諮詢」和「告知」。我們檢視許多決策，並討論該如何分門別類、由誰負責。

最後，我分配到幾個由我**當責**、並提供**支持**的決策；另外，還有很多決策只需要找我**諮詢**，或僅僅被**告知**。到最後，我只負責四項決策：公司整體策略；重大投資決定，尤其是合併和收購；誰在管理團隊；以及為公司價值定調。當然，公司有許多重要決策還是會徵求我的意見，聽取我對於品牌和資本結構等方面的看法，但最後，還是由行銷總監和財務長來做這些決定。許多時候我只需要被告知，就像「家中顧問」測試結果發表一樣。除了在系統中注入更多自主性，我們的新操作方式也特別避免讓決策陷入癱瘓的相反陷阱，以免造成「人人有意見、沒人做決定」的局面。

我們進入更分權的模式，這非常適合我們的成長策略，但和「重建藍衫」重整模式相比，這是一個很大的轉變，畢竟之前我為了穩住百思買這條船，必須主導許多決策。舊習需要破除，必須做出調整。如第十章所言，透過增進對彼此的了解，為這項轉變帶來極大的幫助。正因我們信任彼此能做出最佳決定，我們同時也準備好視需要提供協助，或給予真誠意見。

我記得當團隊剛開始接受普林納的指導時，每到任何話題需要下結論時，每個人都會轉頭看著我。「別看我喔！」我總是笑著這樣說。最後，我們轉變為更分權的決策方式，大幅釐清、加速並改善公司營運。

這讓我想到我擔任電資系統法國分公司總裁時的經驗。我從 Nike 執行長那邊拿了一疊寫著「Just Do It!」貼紙，每當有人提出構想，我就給他一張。我希望每個人都可以照自己的想法去做、去嘗試。我也希望他們知道，他們可以勇敢犯錯，即使新構想最後行不通，也能從中獲得學習，並設法加以改進。

創造參與式流程

我還在麥肯錫公司當顧問時，曾到法國中部一個小鎮上工作，客戶是一家專門製造飛彈電池的工廠，他們希望能提升營運績效。當時，我們進行為期約八週的四步驟改善流程。

第一步、是訂出基準線和改進目標。這個目標必須夠遠大，以免過程中因微小的調整而被迫徹底重新思考。

第二步、讓所有人一同參與發想改進之道。最佳構想往往來自第一線員工，因為他們不僅知道哪些流程有問題，而且早已知道該如何改善。

第三步、把改進的構想分為三類：「可行」（絕佳構想）、「不可行」（太昂貴和或太冒險），和「也許可行」（有潛力）。

第四步、針對「可行」和「也許可行」的構想，訂出後續行動。

高階主管的角色是「盡量別礙事」，只要負責主持和運作討論流程，讓工廠員工和他們的直屬主管來提構想。

當時我還是個傾向命令與控制模式的年輕顧問，卻沒預料到最終得到的結果，真是讓我印象深刻：工廠員工發想出各式各樣具體有效的構想，遠遠超出總部人員的想像。雖然這樣的運作方式在麥肯錫並不被特別看好，但最後卻成為一段很有啟發性的經驗，帶給我永生難忘的重要一課。

或許也可以說我很幸運吧，像這樣邀請所有員工提供意見，由我做起來比別人更容易一些，因為每次我剛上任某個職位時，其實都是個對該公司所在產業一無所知的門外漢。因此就許多方面而言，其實我也別無選擇，只能充分的信任別人、授權別人。

我這「外來者」身分是很好的預防針，讓我遠離由上而下管理、命令式策略的誘惑。我剛進卡爾森嘉信力旅遊時，公司需要在下一次董事會議上提出成長計畫。這是我繼電資系統法國分公司和威望迪遊戲後，第三度接下執行長的棒子，這時我已經知道「我的職責不是提供所有問題的答案」。老實說，即使我想，我也做不到，畢竟我和旅遊業唯一相關的經驗，就是我曾經旅遊。我的職責是創造並推動流程，讓那些比我更懂產業的人去找出答案。

後來，我們在卡爾森嘉信力旅遊成功複製我之前在電池工廠學到的四步驟做法：我們現在面對的是什麼狀況？我們想要獲得什麼樣的進展？我們需要怎麼做才能達到目標？我們要確切擬定的行動方案是什麼？我們安排異地工作坊，請各部門團隊來參加，從人力資源、行銷、供應鍊管理到資訊科技。我沒有提出構想和解決方案，我只問問題、支持團隊去創造計畫，然後協助整合並報告給董事會。

後來我被調去卡爾森集團，情況也是一樣。我和飯店餐飲業唯一相關的經驗就是住過飯店、上過餐館。因此，我策劃一個流程，讓每個業務單位都必須提出成長計畫。

你也許還記得，先前我曾提到剛進百思買時，我完全沒有零售業經驗，而且我們必須在八週內想出一套重整計畫。第七章也提過，最後這套計畫在工作坊中誕生，集各團隊意見之大成，並由主管背書後順利介紹給董事會和股東。那家小小的電池工廠絕對想不到他們造成的影響有多深遠。

不過，百思買的做法有個重要的差異：構想和辦法雖然是來自於各個單位，但我剛開始時還是做了很多決策，包括：高於網路價格保證退差價、恢復員工折扣等等。為什麼？因為當時百思買的情況可說是十萬火急。等公司稍微站穩腳步，並在二〇一六年設計出「建立新藍衫」成長計畫後，我就在決策層面上改採盡量不干涉的做法。

採取敏捷工作法

二〇一八年，百思買的數位暨科技長布萊恩．提爾澤（Brian Tilzer）帶著主管團隊來到明尼亞波利斯市區，我們的目的地是美國合眾銀行（US Bank）總部。提爾澤想讓我們實務觀摩，以了解一種新的工作方式。

二〇〇八年金融危機後，美國合眾銀行也和全美各大銀行一樣，在營運上採取更嚴格的風險管理措施，瀰漫著一種更謹慎、更少創新的氛圍。我的朋友提姆．威爾許（Tim Welsh）才剛升任該銀行的消費與商業金融部副總裁，負責推動讓銀行更貼近客戶的計畫。美國合眾銀行的決策模式很特別，並非由躲在象牙塔的高層做決策，然後向下層層交代；而是組成一個網羅各部門人員的新團隊，由分別來自科技、人力資源、行銷、法務財務等部門的團隊成員負責做決定。因此，儘管經濟衰退後法規趨於嚴格，美國合眾銀行還是成功找到核准小型企業貸款或更快批准房貸的方法。

簡而言之，美國合眾銀行變得更敏捷了。

此時，許多企業也紛紛開始組建小型自主的多功能團隊，以迅速因應大幅加快的決策和調整需求。我們在美國合眾銀行的觀察所得，足以說服百思買主管團隊嘗試新的做法。我們首先將它應用在電子商務，過去公司官網大約一年只會有幾次更新；但當採取新做法後，我們就能根據數據（而非執行長想什麼）以及持續進行的實測結果，即時調整策略，透過每週幾次的更新，大幅提升使用者體驗。

然後，我們把這種敏捷工作法廣泛的應用在各種專案和流程，包括：制訂定價、行銷策略，以及員工聘用的工具等。這種敏捷的工作方式，也可能是二〇二〇年三月新冠疫情爆發期間，幫助百思買在短短三天內，就成功將營運轉為無接觸路邊取貨的關鍵之一，要是沒有它，可能至少還需要九個月才做得到。

視技術和意願做調整

下放決策權和強化自主性雖然重要，但不見得適用於所有情況。

我二〇一二年剛上任時，百思買總部的停車場總是出乎意料的空曠。我發現，不管哪一天，總部都有三到五名員工不在辦公室。某些部門的小組會議上，甚至有一半的人缺席。只要能交出預期成績，百思買員工可以在任何時候、任何地方遠端上班，這項計畫稱為「只問結果的工作環境」（ROWE，全名為 results only work environment）。

二〇一三年二月，正值重整的早期階段，主管團隊激烈討論是否該繼續這項計畫。財務長麥克寇蘭堅決反對這項制度，她認為會降低生產力；其他人則認為這個制度沒什麼問題，根本不值得我們傷神。我不得不介入以打破僵局。

最後，我決定廢除遠端工作。你猜得沒錯，這肯定不是一個會受全體員工歡迎的決定。許多人（包括設計該系統的人在內）都認為我是個「恐龍執行長」，關心員工準時打卡更勝於績效。我陸續收到許多封電子郵件，紛紛提到家裡有生病的小孩和年邁的雙親要照顧。尤其以現在來看，新冠肺炎疫情迫使包括百思買在內的許多企業採行遠端工作，取消該政策似乎不再合宜。但在當年，並沒有非遠端工作不可的公眾健康考量，我做出這個決定，有著現實和哲學層面上的原因。

從現實層面來看，當時百思買正瀕臨倒閉，在緊急情況下，我們必須密切合作，迅速同步行動，並保持資訊流通，這些都需要靠所有人在同一時間、同一地點共事。就像拯救垂死病人最有效的方式，就是讓各科醫生同時會診。再說，並不是所有人都可以遠端工作，為不同部門訂定不同規定，會導致彼此間的緊張和怨懟。例如，分店員工就沒辦法在家工作，他們得推銷，而且得在現場親自推銷。

其次，遠端工作計畫是基於「授權永遠是正確的做法」的觀念，但我認為這個觀念有瑕疵，不可能會有一體適用的領導策略。我在一九八〇年代中期在麥肯錫公司剛接受管理訓練時學到，自主性必須依員工技術和動機進行調整，特定的情況需要使用特定的策略。[5]

「授權」只適用於具有足夠技術和動機的人。如果你要我砌一道磚牆，或是煮一套餐廳級的晚餐，然後就完全放手讓我去做，結果肯定會讓你非常失望。或者，如果我是個有經驗的石匠，但我一點都不想砌磚牆，結果同樣會慘不忍睹。

「授權」和「自主性」只有在人們有技術又有動機時，才會釋放出「人性魔法」。我年輕時在修車廠打工，既沒有技術，也沒有動機（見第一章），對當時的我和修車廠來說，自主性一點幫助也沒有。

暴雪娛樂公司是結合員工高技術與高動機的絕佳範例。我當威望迪遊戲執行長時，這家隸屬於我們集團的遊戲公司是業界佼佼者。暴雪娛樂的遊戲開發者本身都是優秀的狂熱遊戲玩家。我作夢也不敢要求他們應該推出什麼新遊戲、或應該在什麼時候推出，一切都由暴雪娛樂全權決定。因為該公司是最懂關於遊戲一切的行家。

不過，他們的專業未能延伸到行銷和銷售層面。例如，該公司推出的《星海爭霸》（*Starcraft*）在北美洲轟動一時，但接下來，在歐洲和亞洲發行時卻未能延續這波氣勢。主因是遊戲在北美一上市就遭盜版，歐洲大型零售商自然不願意在這款產品銷售上多做投資。暴雪娛樂對國際銷售團隊感到失望，而國際銷售團隊對暴雪娛樂也有諸多怨言。為了解決問題，我在倫敦舉辦一場工作坊，將雙方集合在一起。目的是要對當前問題做出良好診斷，並由兩個團隊成員一起構思具體解決方案。

這次的工作坊促成遊戲複製保護的實施，並承諾協調全球同步推出暴雪的下一個強檔遊戲《暗黑破壞神二》。這兩項決定可望抑制盜版行為，並提高銷售團隊的關注。遊戲上市後大獲成功，《紐約時報》甚至將這款遊戲與《哈利波特》（*Harry Potter*）系列小說的成功相提並論。[6]

我是依實際情況來決定要採取何種領導方式。暴雪娛樂全員充滿熱情，但缺乏有效解決眼前問題的能力，這時就適合選擇「干預」而非「自主」，盡快把大家集合起來，一起有效的解決問題。

同樣的，二〇一二年當百思買處於存亡關頭，正確的做法是親下指導棋。雖然許多人陸續為對我們的重整計畫做出貢獻，但我剛開始還是親自做出許多決策。到二〇一六年，百思買已經步入穩定階段並開始追求成長，需要各式大膽與創新的構想，這表示我們準備好提高員工自主性，並開始嘗試新事物。於是我推出「免死金卡」（get-out-of-jail-free），我們甚至印製實體卡片，提供在大家在計畫搞砸時拿出來使用。目的在於給大家一個創新的機會，並免除「只許成功，不許失敗」的壓力。

★ ★ ★

當企業宗旨與個人動力、真實的人際連結、自主性趨於一致，就能提升我們的工作投入程度。不過，釋放「人性魔法」還需要藉由我們能更專精於自己所擅長的事情上。這就是下一個主題：精益求精。

請思考以下問題

- 想像一下，自主性將如何影響你的工作投入程度？
- 你所領導的公司或團隊如何做決策？
- 你如何讓別人一起參與決策流程？
- 你在公司負責哪些決策？你如何做出這些決策？
- 你給你的團隊多少自主性？你如何讓他們知道？
- 你會根據情況調整領導策略嗎？如果會，你是怎麼做的？你如何判斷公司目前是否需要進行調整？

第十二章 第四要素：精益求精

連勝從來就不是我們的目標。

——鮑伯・拉道瑟（Bob Ladouceur），加州德拉薩高中（De La Salle High School）斯巴達美式足球隊教練

加州德拉薩高中斯巴達隊顯然是最強的高中美式足球隊：他們在一百五十一場比賽中維持不敗，這是美式足球史上不分級別的最長連勝紀錄。一百五十一場！這就是「人性魔法」創造出的「非理性表現」。

德拉薩高中的球員數量並非最多，球隊也並非最富有。他們之所以達成如此驚人的連勝紀錄，關鍵並非是花更多錢或大舉招募其他地區的球員，而是選擇追隨一位偉大的領導者兼

教練。拉道瑟教練不僅賦予球員堅定的個人宗旨和團隊精神，更鼓勵他們成為最好的自己。

「沒有人期待你們今晚做出完美的表現，這是不可能的事，」拉道瑟在每場比賽前都會對隊員們說：「但我們的期望，以及你對自己和隊友的期望，是盡自己最大的努力。」

拉道瑟教練之所以能率領球隊精益求精，是透過指導和練習，讓球員從中獲得快樂，進而逐漸邁向精通的境界。教導我企業三大要務「人員→業務→財務」順序的迪卡彭崔也常說，在他看來，企業的終極目標是讓所有員工獲得成長和滿足。

員工的成長和滿足是促進員工績效表現的關鍵因素，而領導者的角色是創造一個能讓大家精益求精的環境，就像德拉薩高中的拉道瑟教練所做的那樣。微妙之處在於，當你不再將焦點放在如何締造佳績，而是時時刻刻專注於專精的過程時，才有可能不斷締造新的佳績。

「專精」對於人的表現良窳至關重要，專精於擅長的事物，更能帶給我們滿滿的成就感與動機。致力於推廣合氣道的喬治．李歐納（George Leonard）認為：「不設目標的長期精益求精過程」，是通往成功、實現人生宗旨的必經之路。[1] 有些人願意將空閒時間用在編寫「維基百科」（Wikipedia）或開發 Linux、Apache 等軟體，並將這些資源免費提供給全世界使用，主要是因為他們真心熱愛自己所擅長的事物。

精益求精這項「人性魔法」的要素也能同時提升其他幾項要素，因為專精的人自然能展現出更好的表現、更強大的動機，因而被賦予更高的自主性。

我在電資系統的上司曾告訴我：「我欣賞你的努力，但我真正在乎的是結果。」這實在是種很誘人的領導方式，只要把注意力放在績效落差，然後跟員工說：「你必須再加把勁！」當這樣的主管真是再容易不過。可惜的是，這樣做多半沒什麼實質效果。

想要創造一個能激勵員工精益求精的環境，我們需要：

- 著重努力而非結果。
- 發展個人而非全體。
- 重視教練而非訓練。
- 重視績效評估與發展。
- 將學習視為永不停歇的旅程。

● 為失敗騰出空間。

著重努力而非結果

精通為何能夠帶來滿足感？原因在於拉道瑟強調的「盡力」，而非比賽結果。高手都會不斷練習，是為練習而練習，而不是為結果而練習。當斯巴達隊輸掉第一百五十二場比賽而中止連勝，隔天他們依然準時到場、全力練習，因為他們的目的是精益求精，因此即使輸掉了比賽，還是依然熱愛美式足球。這份專注讓他們重新振作，維持出色表現，因為他們的目的從來就不是連勝。

尼爾・海耶斯（Neil Hayes）在探討團隊的著作裡提到：「德拉薩高中美式足球隊之所以不同凡響，是因為從總教練到板凳球員，每個人都願意做出必要的犧牲，來成就最棒的自己。」[2]

也許有人會質疑，這樣的道理要如何應用在商業界？心想：「專精當然是好事，但還是要以結果為重，不是嗎？」當然不是。視利潤為企業宗旨，會破壞精益求精的心態，導致人們將注意力完全放在最終結果，而不是為追求成就感而盡最大努力。

我在印度旅遊時，曾特別花時間研究印度人如何從靈性層面看待工作。我驚訝的發現，我們對於將利潤視為企業宗旨的批評（第四章），竟然和印度教《梵歌》（*Gita*）中第二章第四十七節不謀而合。該節經文指出，一味在乎結果，只會讓我們更加效率不彰（影響我們努力追求的結果），當結果不如預期，雖然我們的行動只是導致結果的部分原因，也會產生沮喪和憤怒。[3]

然而，放手不管結果並不容易。特別是對於好勝的人來說，更自然會重視結果。但我在百思買服務的這八年間發現，重視過程、盡可能創造最佳環境，確實能讓員工帶來更出色的結果。這就像打網球一樣，當你一心只想贏球時，往往會因為太緊張而表現不好；如果你能讓自己放輕鬆，全心全意注意場上那顆球，反而比較容易打出一場漂亮好球。

投入過程並努力做到最好，就能讓我們保持動力、不斷精進技能，產生超過預期又能持久的表現。

發展個人而非全體

二〇一四年，當「重建藍衫」重整計畫正如火如荼進行之際，我親自造訪百思買位於丹佛（Denver）的辦公室，因為這裡發生了一些特別的事情。過去一年中，該區店員平均每小時營業額增加一〇％，達到十四美元，在來客量沒有特別增加的情況下，這個數字傲視其他所有分店。如果我們能將這個成績複製到所有分店，將能為公司增加四十到五十億美元的營業額。

區域經理克里斯．舒密特（Chris Schmidt）是丹佛區亮麗業績背後的魔術師。主要原因在於，舒密特認為在銷售管理上採取由上而下的方式一點道理也沒有，這種方法不考量個別員工的能力，只一味要求每個人專注於相同的事、以相同的方式來面對不同顧客。

百思買擁有每位店員的銷售數據，但多數分店並完全沒有將它善加應用。舒密特則不然，他發現，仔細研究這些數據，就能夠知道每個員工需要進步的地方。他主要著重兩項標準：「每小時營業額」和「營業額組合」。如果某個人的每小時營業額落後，他可能需要學習和顧客交談的技巧，或是增進對產品和服務的了解，才能為顧客提供更好的建議；至於每小時營業額名列前茅的店員，則不需要進行銷售技巧的練習，但可以協助他們拓展銷售的產品或方案組合。

在此之前，百思買一直將業績改善的焦點放在區域或分店整體，而非個人層面。舒密特認為那樣做根本沒有效果，所以他一個一個來，專注於讓每位員工精益求精。百思買有幸有像舒密特這樣的主管，他決定在自己的分店採行這種做法。我造訪丹佛時，藍衫店員正在和他們的經理進行每週一次的一對一會面。他們不僅一起檢討上週業績，決定下週要改進及達成的目標，還會共同討論長期職涯發展的方向與機會。

從店員們的神情中可以知道，他們的心中燃起熊熊火焰，渴望看到自己對分店、區域和整家公司的貢獻，以及自己的長期進步情況。他們熱愛這種高度個人化的學習。我對舒密特與他帶領的店員們佩服得五體投地。舒密特進一步發揮我堅信的「人員→業務→財務」管理哲學，並顛覆我們對於技巧、績效和專精的認識。

後來，我們將他的做法推廣到全美國，讓它如野火燎原般迅速流傳。每個月我們都會請全美國績效最好的員工分享他們的招數。一旦學習新的做法，就能提升技巧、強化動機，這是我們在重整期間採行的重要改變之一。

重視教練而非訓練

一九八〇年代末期，身為麥肯錫顧問公司的一員，我負責協助漢維布爾電腦的銷售團隊增進績效。該公司使用的是效果微乎其微的傳統訓練（training）模式。在聆聽課程或演講後的一個月內，多數人會忘記高達八成以上的內容，除非這些想法能在工作中獲得實踐。事實上，公司銷售人員和其他人所有人一樣，必須從做中學，在真實情境中不斷練習，才能達到最佳學習效果。

這正是教練（coaching）模式的精髓所在：在真實情境中鍛鍊實用技巧。我們明白傳統訓練沒有用，於是協助漢維布爾電腦改採行動學習和教練指導。方式是銷售團隊從工作坊學到新概念，然後立刻應用在他們準備好的實際案例上。區域經理率先受訓，因此能夠在工作坊中指導他們的銷售團隊，並帶領大家將所學應用於工作中。經過這樣的教練模式下，漢維布爾電腦的營業額和利潤都出現明顯的改善。

看著舒密特對員工的個別回饋，讓我回想起漢維布爾電腦的經驗。於是我和一名經理同組搭擋，親自體驗成功鼓勵銷售人員的一對一週會。我扮演家電部門的藍衫店員，和我的「經理」喬丹一起檢視我的每小時營業額和營業額組合「成績」。結果，我的每小時營業額並不理想，銷售數據顯示我每筆交易賣出的產品低於平均。我和喬丹決定針對這一點來改進。我在其他方面可能也需要接受教練指導，但喬丹知道人無法一次學太多東西，所以我們先聚焦在這項標準，仔細研究改進之道。

於是我們透過角色扮演，來練習和不同的顧客對話。由喬丹當店員，我當顧客，我向喬丹表明我家洗衣機壞了，想來百思買選購一台。在問清楚我的需求後，喬丹問我舊的那台洗衣機用了多久：

「大概十二年。」我說。

「你的烘衣機也是同時購買的嗎？」她問。

「是的。」我回答。

「你是否認為烘衣機和洗衣機要使用同一款式呢？」她又問。

「嗯，我希望洗衣房看起來整齊一致。」我考慮了一下回答。

「我了解了。根據我的經驗，這類家電用品能使用十二年已經算是相當不錯，你的烘衣機也很可能會在一、兩年內壽終正寢。這款產品每年都會改款，或許一、兩年後就會找不到跟新洗衣機相同款式的烘衣機了。現在我們有洗衣機、烘衣機搭售優惠，你會想多了解相關的優惠內容嗎？」

就這樣，喬丹以非常實用的方式，指導我改進每筆交易商品數量的方法。我原本只是想買洗衣機，但她讓我開始認真思考，或許連烘衣機一起買更能滿足我的需求。

全丹佛市的百思買店員每週都能獲得像我一樣這種量身訂做的指導，並固定每天討論他們的銷售情況。我的企業教練葛史密斯常告訴我，教練指導是一種接觸型活動：要獲得效果，就得頻繁又務實的進行，這正是丹佛地區採行的教練指導方式。

要注意的是，在這種做法當中，經理必須化身為很厲害的教練。能釋放「人性魔法」的經理不再只是一名經理，必須如同丹佛市的經理們親自精通銷售術，才能成為真正的優良教練。

這讓我想到一個關於鸚鵡的笑話。

一位小姐走進寵物店，看到一隻鸚鵡。她問老闆：「這隻鸚鵡多少錢？」老闆回答：「一百美元。這隻鸚鵡很特別，能說一百多個字彙，還會沖咖啡和讀報紙。」小姐看到旁邊還有第二隻鸚鵡，要價一千美元。老闆解釋道：「那隻鸚鵡更厲害，牠會講五種語言、做整桌早餐，還會開記者會。」

接著，老闆說店裡還有第三隻鸚鵡，要價高達一萬美元。小姐一聽肅然起敬，連忙問這隻鸚鵡究竟有什麼高強的本領，能夠擁有如此高的身價。「誰知道他會什麼，」老闆回答：「不過另外兩隻都叫牠『老闆』。」

重視績效評估與發展

我在一九九六年進入電資系統法國分公司時，多數員工不曾獲得任何正式的定期意見回饋，他們從來沒有機會討論如何能改進工作績效，更別提有人對他們指導。於是，為了將「人員→業務→財務」付諸行動，我決定讓每個人都接受年度績效評估，並且以團隊成員的自我評估結果來評估經理績效。

這些年來，我深刻體會到，領導者必須避開傳統由上而下的績效評估方式，才能讓績效討論更有效果。理由如下。

首先，讓評估對象自我評估，要比主管評估更有用。我在二〇〇八年上任卡爾森集團執行長時，已經做過無數次傳統的三百六十度評估、評分和排名，非常清楚這些做法是多麼沒意義。主管們每年一次和下屬面談，努力在腦海重現員工這一整年的表現（而且通常不太奏效），依照既定的標準項目，逐項檢視哪些項目做得好、哪些做得不好。然後討論同事的意見和績效報告上的評分。最後，加薪與否通常取決於這類年度績效面談，並以財務結果論成敗。

我還記得，曾經為一份績效報告上的評分而陷入漫長的爭論：當時有位主管覺得他應該得到滿分五分，但我覺得三分比較適當。我們就這樣為了一個數字僵持不下，現在回想起來實在可笑。根據蓋洛普公司的調查，只有一四%的員工認為績效評估能鼓勵他們進步。事實上，傳統的績效評估往往適得其反，根據調查，約有三分之一的績效評估反而讓員工的表現更糟糕。[4]採用這種績效評估的企業根本不可能釋放「人性魔法」。

當我來到百思買以後，就不再親自對下屬進行評估和評分。誰有權說你應該得到三分或五分？誰說你的上司就一定能夠準確的評估你的表現？相反的，我鼓勵我帶領的主管團隊根據同事提出的意見進行自我評估，然後利用評估結果自行發展出成長計畫並與我分享。結果發現，他們往往很擅於評估自己的表現，也知道如何才能讓自己變得更好。所以我的工作很簡單，只要負責確保大家對優先事項的看法一致，並詢問我該如何協助他們達成目標。這麼做不僅簡單有效，而且遠比傳統的評估方式更具激勵力量。

其次，績效管理應該著重發展，而非排名。奇異公司採行聞名業界的活力曲線，每年進行員工排名，並解雇績效墊底的一〇%員工。然而，排名往往是依據過高的標準和主管的主觀判斷，這勢必造成一個大問題：讓員工互相敵視與競爭，而不是相互協助與合作。而且無論員工工作得多麼努力、表現得多麼優異，最終一定會有一〇%的人吊車尾，公司往往會因而流失珍貴人才。

指揮家班哲明．山德爾（Benjamin Zander）和治療師羅莎姆．史東．山德爾（Rosamund Stone Zander）則採取和奇異公司完全相反的做法，他們選擇「全部給A」。班哲明．山德爾在新英格蘭音樂學院（New England Conservatory）教書時，親眼見到成績對許多學生的影響，他們害怕不及格而不願意冒險，阻礙他們邁向專精的境界。於是山德爾決定，每年九月在他教授的音樂表演第一堂課上，向全班宣布這門課所有人都會得到「A」。不過有一個條件：兩週內，每位學生都得寫一封信，日期註明為隔年五月學年結束時，信中必須詳細說明這一整年會發生哪些事情，讓他們得到這樣優異的成績。

換句話說，學生們必須先穿越到未來，回頭檢視自己的成就和學習，並具體描述自己這一年的改變。「全部給A」的做法，讓每位學生對於學習充滿活力和動機。他們先想像自己突破阻礙，然後真的見證自己能做到。「全部給A」並不代表無視標準、能力和成就，而是讓學生和老師（或主管和員工）擁有一致的目標：精益求精。[5]

「你無法真正管理人們的行為，也無法真正管理他們的表現。」百思買人力資源部總監史嘉蕾說。因此，她認為領導者該做的不是管理，而是支持員工發揮潛力。二〇一九年十月，百思買宣布取消每年上司對下屬打考績和敬業度問卷調查，改成每季進行員工主導的對話，談論他們的目標、進步和發展。

第三，績效發展並非改善弱點，而是琢磨獨特優勢組合。在進行傳統績效評估時，主管通常是根據既定的職務屬性表單，選出三項進行順利的事與三項發展機會。然而隨著時間的推移，我已經接受一種新的觀點：所謂「幫助個人發展」，應該是要培養每個人獨特的才能，讓他有機會成為更好的自己，也就是馬克斯・巴金漢（Marcus Buckingham）和艾希利・古德（Ashley Goodall）所說的「犀利人才」（"spiky" people）。[6]

身為領導者的我們，並不需要成為無所不知、無所不能的超級英雄，這種期待不僅不切實際，還會鈍化我們的才能與內在動力。唯有當我們全心專注於發揮獨特才能、從事自己所真心熱愛的事情時，才能創造出最佳的績效表現。「專精」並非來自於改善與修正弱點，而是努力琢磨並發揮個人獨特優勢組合。因此，我們必須在改善弱點與發揮優勢之間有所取捨，唯有專注於發揮優勢，才可能創造出更強大的效果。

將學習視為永不停歇的旅程

之前提到過，我曾經對企業教練充滿質疑。當時的我認為，訓練是給初學者用的，而教練指導則是一種補救措施。麥肯錫顧問公司常常為低階人員提供各種訓練，但不會為合作夥伴提供發展計畫，為企業執行長提供訓練更是從所未聞。

當卡爾森集團人力資源部總監建議我找企業教練時，她說葛史密斯協助許多成功的知名執行長變得更好。誰不想要擅長自己熱愛的事情呢？既然如此，我欣然接受她的建議，也始終遵循史丹佛大學心理學教授杜維克的「成長心態」，讓學習和進步成為終生職志。

如今，我已堅信「精益求精」是一輩子的追求。世界頂尖運動員全都有教練指導，拉斐爾．納達爾（Rafael Nadal）和羅傑．費德勒（Roger Federer）並不會因為奪得職業網球世界排名第一，就辭退他們的教練。透過教練的指導，讓我們在自己所熱愛的事情上愈做愈好。我學到，要重視並善用別人的意見回饋，要協助人們做好他們的工作，而非直接給答案。我學到要成為以人為本，而不是滿心只有數字的領導者。我學到，身為執行長的任務是利用

「人性魔法」來創造與帶領宗旨型人性組織。我學到，永遠不停止學習，要不斷精益求精。通往專精的道路永遠沒有盡頭。這是一段永不停歇的旅程。

為失敗騰出空間

管理學文獻經常談到失敗的重要性，所以我在此處不打算多做贅述，而是直接分享我的個人經驗。

二〇一三年的假期購物季是百思買重整階段的低潮，那年我們的業績沒能達標，分店的業績落後去年同期。過去一年，我們的股價好不容易從十一元幾乎漲了四倍來到四二元，一下子又驟跌三成。

我們想要如何面對並回應眼前的失敗呢？我們可以選擇尋找失敗的藉口和罪魁禍首，或是從中學習、繼續向前。

在對市場做出任何公告之前，我找來公司一百名層級最高的主管。我引用幾部我最愛的電影來表達我的觀點。其中一部電影的經典對話是：「人們為什麼會跌倒，布魯斯？」出自二〇〇五年的《蝙蝠俠：開戰時刻》（*Batman Begins*），蝙蝠俠回想起小時候，爸爸這麼告訴他：「這樣我們才能自己站起來。」

我還播放電影《挑戰星期天》（*Any Given Sunday*）裡，艾爾·帕西諾（Al Pacino）在球隊上半場被痛宰後進行的精神訓話：「我們現在身處地獄，」他告訴球員：「我們可以繼續待在這裡任人宰割，也可以奮力反撲、迎向光明，一步一步爬出這個煉獄。」

然後，我請每個人寫一份備忘錄，詳述每個人（包括我在內）原本可以採取哪些不同做法。我們互相分享內容，目的不是獵巫，而是嘗試去了解我們到底哪裡做錯了、該如何改進。例如，我們從中發現，當時意識到本季銷售情況不佳而急著推出的各種刺激措施，例如改變分店營業時間、在聖誕節前推出倒數限時拍賣，這些做法不僅沒達到效果，反而造成顧客的混淆。

貝佐斯曾說過，失敗有兩種。第一種稱為「操作性的失敗」，是指在核心業務領域上遭遇失敗。例如，亞馬遜已經打造好幾百座物流中心，現在新設立一座卻運作得很糟糕，這樣的失敗屬於執行上的錯誤，不僅無法容忍，也不該被接受。第二種則稱為「實驗性的失敗」，通常是出現在探索新構想或新做法時，這時結果往往趨於兩極，有可能創造出關鍵性改變，也可能摔個鼻青臉腫，然而這些舉措是創新所必須，即使失敗了，也應該被包容，甚至引以為傲。

領導者可以明確指出「實驗性的失敗」其實很安全，鼓勵大家多多嘗試。這和我發給百思買高階主管的「免死金卡」是一樣的意思，用意在於鼓勵實驗。但最大的關鍵還是必須創造一個安全空間，進行有計劃、適度控制風險的冒險。這正是我們的策略性成長辦公室採行類似「家中顧問」等計畫時的方式：想出新點子、設計先導專案、測試它們，然後決定要擱置或全面實施。

事實上，當我們進行「家中顧問」的第一次先導專案就失敗了，於是我們又回頭重新設計，然後再測試一次。同樣的，當我們決定在重整早期提出店內價格與線上同步時，我們很清楚這是一個即使成效不佳，也不至於傷及營運的實驗。許多先導專案雖然沒有成功，但也沒因此而被我們擱置下來，像是為公寓提供寬頻、為屋內不同房間設計不同網路等等，如果沒有這些失敗的實驗，我們就不會得到日後的成功發展。

★ ★ ★

連結個人宗旨與企業宗旨、培養真正的人際連結、鼓勵自主性、精益求精，全都有助於企業創造能讓人發揮最佳表現的環境。如果再加上適當的策略，就能為公司整體產生非凡的成果。

不過，還有一件事必須考慮。試想，如果你的生活困難、人生陷入停滯，你會有受到激勵的感覺嗎？如果是我，肯定不會，相信絕大多數人應該也不會。因此，接下來我們要探討人性魔法的第五大要素：成長。

請思考以下問題

- 當你從事自己所熱愛的事情時，你比較重視「努力的過程」還是「努力後的結果」？
- 你覺得你的專業發展適合你的工作現況嗎？你的下屬又是怎麼想的？
- 貴公司是否普遍實施教練指導？
- 你如何評估下屬的績效？
- 你的績效是由誰評估的？你覺得評估結果能激勵你嗎？
- 你覺得自己在哪些方面做得不錯？哪些方面想變得更專精？你的改進計畫是什麼？
- 你至今經歷過最重大的失敗是什麼？是和核心業務處理不當有關，還是追求創新實驗所致？你從中學到什麼？

第十三章 第五要素：順風高飛

成長是生命唯一的證據。

——紐曼樞機主教（Cardinal John Henry Newman）

我在思考希特林要我爭取百思買執行長這個聽起來不怎麼樣的建議時，曾找出幾場該公司過去的財報會議和股東大會紀錄，發現它們都呈現出同樣的問題：百思買的困境都是因為「逆風」所導致。它們說百思買在許多重要產品上都有很好的表現，但很可惜的，卻受到消費型電子產品市場環境不佳而大受影響。除此之外，還遭受網路購物風潮和亞馬遜不收營業稅的威脅。蘋果商店更增強逆風的阻力，主要產品都在降價，iPhone 的出現讓照相機、錄音機和音樂播放器，全都無用武之地。

言下之意，百思買儼然是這場完美風暴下的受害者，即使航海高手也抵擋不住如此強勁的逆風。但，這怎麼可能呢？在我之前服務的產業裡，資訊科技和電子產品全都發揮正面的作用；亞馬遜、蘋果和三星等公司表現持續亮麗。

我剛進百思買時發表過幾次演說，其中有一次，我請高階主管想像如果我打電話給蘋果執行長提姆．庫克（Tim Cook）和亞馬遜的貝佐斯，這通電話的對話內容會是什麼。

當我問對方：「你們的產業環境是處在『逆風』、還是『順風』呢？」他們兩人都會告訴我：「環境太棒了！很適合發展與成長。我們正處於鼎盛時期。」

我告訴台下的百思買高階主管，如果庫克和貝佐斯認為現在是「順風」，那麼問題顯然不是出在環境；如果環境不是問題，那麼問題多半出在我們自己身上。我們可以繼續想出各式各樣的藉口，坐著空等是不是哪天可以重新奪回某類產品的銷售冠軍；或者，我們可以改變做法。

我們提出的改變做法如下：首先，必須重新分組、思考什麼是需要刪減的。縮減有時是必要之惡，這就好比米開朗基羅削掉的大理石塊，原本就不是雕像成品的一部分。在百思買重整期間，我們決定撤出中國和歐洲市場，並將加拿大的兩個品牌併入百思買旗下。

等到重整結束，我們又面對抉擇：百思買該不該繼續縮減、專注成為一家規模更小、利潤更高的公司？或者，縮減只是一種策略性的調整，好讓我們開展新的策略視野，推動新一波的成長？

無論是當時還是現在，我都認為成長是當務之急。企業成長能創造發展空間，不僅可以增加升遷機會、在不裁員的情況下提高獲利，而且更有能力承擔伴隨實驗與創新而來的風險。企業成長能夠促進員工成長與增加工作動力，員工獲得成長並有工作動力後，又將回過頭來促進企業創新與成長。

因此，「成長」是釋放「人性魔法」的最後一項元素，也是最關鍵的元素。在停滯、緊縮、恐懼、不確定的環境之中，人們很難產生創造及冒險所需的力量。無論要追求個人或企業宗旨，唯有當我們對未來感到無限可能，才能激發出內在動力、正向能量，以及成為更好自己的渴望。

如果你也覺得在目前市場遭遇逆風和打壓，不妨藉由以下方法轉而順風高飛：

- 從可能性的角度來思考。
- 把挑戰化為優勢。
- 把宗旨置於前方與中央。

思考可能性

二〇一七年，我們正在規劃新的經營策略，準備要向投資人簡報。剛從貝瑞手中接下策略發展部門的原財務長阿辛煦．沙卡山納（Asheesh Saksena）建議重新定義我們對「市場」的看法。在此之前，百思買將市場狹隘的界定為「在分店中販賣實體產品的零售業務」。若依照這樣的定義，DVD銷售屬於我們公司的市場，但影片串流卻不是。沙卡山納向主管團隊簡報時，建議把市場範圍擴大到「滿足消費者與科技有關的所有消費需求」，包括服務和訂閱。換句話說，消費者的每一項需求，百思買都要盡可能加以滿足。

從這種角度來看，我們對市場的定義已經不只是「百思買已經在做的業務」，而是「百思買可能做的業務」。於是，總體市場規模立即從原本的兩千五百億美元擴大為一兆美元。這樣的願景為百思買開啟一個充滿可能性的世界。

可是當沙卡山納第一次提出這個構想時，會議室裡幾乎聽得到驚呼聲。它讓團隊感到緊張。大家擔心，在確定能滿足新領域並搶占部分市場版圖之前，我們將面臨自毀聲譽的風險。

沙卡山納的想法震撼了許多人，因為他不拘泥於「市占率」這個常用來衡量業務策略和成功的標準。然而，就像切蛋糕一樣，唯有在別人的市占率縮水時，你的市占率才會增加，如果一味著重搶奪既有的市場比重，將陷入一種狹隘且不利己的商業模式。那些追求「最好」或「第一名」的企業，玩的是一場你死我活的零和遊戲，而且輸的機率往往很大。

沙卡山納認為，既然我們的店內硬體產品銷售遭遇重重阻礙，那麼為何不拓展視野、重新界定市場，釋放潛在需求以利銷售成長呢？金偉燦（Chan Kim）和芮妮·莫伯尼（Renée Mauborgne）將這種做法稱為「藍海策略」（Blue Ocean Strategy），認為只要對市場和產業採取這種寬廣的視野，人人都能找到自己的成長空間。[1]這是極為正向的觀點，與其一直想著如何擊敗對手，企業應該專心全力發揮自己獨特宗旨的和資產，成就最好的自己。

微軟公司執行長薩蒂亞・納德拉就是這種心態的實踐楷模。微軟每年籌辦高峰會，邀請包括摩根大通和波克夏・海瑟威（Berkshire Hathaway）等全美大型企業約兩百位執行長共襄盛舉。我在納德拉上任前參加過這場會議，當時會場上放眼望去就只有微軟一家科技公司，軟體展示時只能使用自家生產的硬體及智慧型手機，但這些並非微軟最擅長的領域。微軟當時只關心自家產品間協同運作的情況，透過相容性障礙來阻礙其他公司發展，這種做法嚴重限縮了該公司的視野。

納德拉擔任執行長後，我在二〇一四年參加該高峰會，我發現微軟使用蘋果的 iPhone 來展示新軟體。突然間，該公司的觸角同時進入 iOS 和安卓（Android）系統，遠遠超過微軟自家手機的市占率。這種開放的、成長的心態，帶來改變人們、進而改變公司的力量。可想而知，在納德拉的領導之下，微軟的企業文化轉為開放，業務執行速度加劇，股價也一飛沖天。

回到百思買，沙卡山納認為我們應該擴大百思買的市場定義，並納入一切銷售的可能性，這個想法很正確，但要採行這種思維並不容易。剛歷經重整的員工已經習慣不能出錯、不能冒險的心態，對於新的思維難免會有反彈。許多人覺得重新定義市場，只不過是在畫大餅，而且會增加失敗的風險。

可是，我們必須大膽冒險從「只求生存」轉為「積極成長」。那一年，我們對投資人簡報時，採用沙卡山納的新市場願景，表達我們必須改變過去訂定目標與規劃方式的決心。

在企業重整階段，我們只訂出一定做得到的計畫。在重整那幾年擔任財務長的麥克寇蘭非常擅長此道，她確保我們絕不會錯失既定的財務目標，那些監控我們一舉一動的市場觀察者都因此對她尊重又信任。

到了成長階段，就得訂定另一種計畫。我擔任卡爾森集團執行長時，克特・瑞特（Kurt Ritter）就成功帶領麗笙酒店集團（Rezidor Hotel Group）走向成長。他動員團隊追求射月摘星等級的ＢＨＡＧ（Big Hairy Audacious Goal，意指「宏偉、艱難和大膽的目標」）。[2] 瑞特的ＢＨＡＧ是在公司資產組合中增加數量驚人的旅館房間，因而使麗笙集團成為全世界成長最快速的旅館企業之一。

然而，長期培養擴張思維與開放心胸，需要在以下兩種做法之間取得平衡：一、目標必須宏偉、艱難，才能給人活力和動機，但不切實際的畫餅充飢，卻會使人停滯、心生懷疑。二、當遲遲未能達成目標，不僅會傷害管理團隊在投資人與員工心中的信譽，也讓大家因為沒能達成目標便無獎金可領，而開始對工作心生厭倦。

百思買的「家中顧問」計畫實驗成果就試圖達到這樣的平衡。這應該稱得上是服務業的大膽躍進，但該跳多大一步呢？我們大可採取狹隘的做法，從我們有幾家分店開始，算出每家店需要配置幾名顧問，然後推估總人數，如此一來，可以算出顧問人數大約是幾百人。

或者，我們可以暫時忘記我們有幾家分店，改從市場上的家戶數來計算：估算出有多少比例的家庭，可能對於相關科技和百思買顧問有需求；然後弄清楚一名顧問可以服務幾個家庭。用這種角度來簡單估算，家居顧問的人數就大約有五千至一萬人。不過，這個數字本身不如它所代表的觀點來得重要。我並不是說我們應該立刻徵人，訓練並部署幾千名顧問。成功執行新計畫得花點時間，不是一蹴可幾的事情。展開這段旅程的關鍵在於：著眼於大夢想、從小處著手。

久而久之，我們變得更擅於辨別與開啟新契機，並以此為基礎，籌組認同這種觀點和願景的主管團隊，再加上設立策略性成長辦公室這類營運支持小組來實現願景，終於成功的實現夢想。二〇一九年，百思買的新任執行長貝瑞訂出公司成長策略，預定在二〇二五年在人員、業務和財務上達到遠大目標。過去的重整思維已經成功轉變為一種為企業開創廣闊的可能性，以及不斷追求成長的意識。

把挑戰化為優勢

一八〇五年，拿破崙率領他的強大軍隊在北法的布洛涅（Boulogne）紮營，準備攻擊英國本土。然而，在十月二十一日的特拉法爾加（Trafalgar）海戰中，法國與西班牙聯合艦隊遭英國海軍擊潰。這次潰敗對拿破崙而言是個重大的挫敗，一旦失去英吉利海峽的控制權，入侵英格蘭的計畫就不可能成功。

拿破崙試著化挑戰為機會。他帶領駐紮在布洛涅的軍隊往東走，不到六週就走了一千三百多公里，並於奧斯特里茨（Austerlitz）擊敗奧地利與俄羅斯帝國軍隊，這場戰役至今仍被視為是最偉大的軍事行動之一。普魯士將軍暨軍事專家卡爾．馮．克勞塞維茨（Carl von Clausewitz）認為拿破崙此次的成功靠的不僅是行軍速度，更要歸功於他高瞻遠矚的能力，因而能在重重限制與困難之中，顧全大局，找到契機。

愈是面臨急迫的挑戰，愈需要具備能清晰看出可能性、並號召人們共同行動的能力。多數人之所以做不到這一點，是因為受困於那些強大的逆風阻礙，因而心生沮喪、望而生畏、裹足不前。然而，正是在這樣的時刻，更需要領導者動員和激勵團隊，在重重阻礙中殺出一條路，把握當下克服逆境的機會。

我剛擔任百思買執行長時，常有人問我，為何願意接手這份人們眼中窒礙難行、注定會失敗的工作。答案就是：我熱愛挑戰，挑戰帶給我無比能量。基於共同目標而組成團隊，動員夥伴們一同解決問題，總讓我感到興奮與滿足。這是我實現個人宗旨的大好機會，讓我能夠為周遭人們帶來正面影響，並善用這個舞台改變世界。

這也是我在電資系統法國分公司、威望迪遊戲、卡爾森嘉信力旅遊和卡爾森集團經歷過的那種能量。我剛進電資系統時，該公司在美國的業務是以確保長期外包大型交易為主，但在法國的業務卻陷入困境，因為這類大型交易並不適合法國市場，導致營收快速下降。當時，我動員全公司所有人一同合作努力，以找出在法國市場的成功之道，這是一段多麼令人振奮的旅程。此外，無論是在威望迪遊戲協助子公司暴雪娛樂在國際市場獲得成功，或是在旅遊業因網路訂票系統興起而大受打擊之際，成功振興卡爾森嘉信力旅遊，對我而言都是令人難以忘懷的美好經驗。

二〇二〇年，新冠肺炎疫情肆虐全球所帶來的重大挑戰，迫使許多企業面臨存亡關頭。然而，以健康和安全至上的種種限制，卻也同時產生新的契機。企業在被迫重新思考流程、產品和服務的同時，也開始發掘顧客新的需求，尋求企業獲得成長的嶄新方式。

例如，在新冠肺炎危機之前，數位創意公司 Adobe 每年在拉斯維加斯（Las Vegas）舉辦的年會，都吸引約一萬五千多人參加。二〇二〇年，在社交距離和安全考量之下無法舉辦實體聚會，於是將年會改為線上進行，少了交通和場地規模的限制，這場年會最後居然吸引超過八萬人共襄盛舉。

或者我們也可以思考雷夫羅倫的例子。雷夫羅倫旗艦店位於紐約曼哈頓麥迪遜大道和七十二街路口的「豪宅」（the Mansion）。紐約市民和遊客都很喜歡來逛逛這座木造裝潢的聖殿，一睹創辦人永不退流行的眼光。疫情爆發後，該公司立刻關閉所有店面，以保護員工和顧客的健康。不過，豪宅雖然關閉，但卻在線上開放。顧客還是可以透過線上影片來店裡參觀，甚至能與店員聊天。事實上，此舉反而擴大該店顧客群，線上人數和過季暢貨中心不相上下。同樣的道理也呈現在其他領域，想想遠端學習如何讓教育機構觸及更廣大的人口，或者邀請知名演講者在網路課堂上演講，將會接觸更廣大的聽眾。

除了擴大影響範圍之外，新冠肺炎危機也創造出改變顧客經驗的大好機會。二〇二〇年四月，百思買決定重新開放幾家三月份開始關閉的分店，提供事先預約的一對一諮詢。這不但解決店內人潮過多造成的安全顧慮，也為顧客提供高科技個人化體驗，還導致更高的銷售率，因為會預約的顧客都是積極尋找商品、願意付錢購買，而不是只逛不買的人。

同樣的，由於新冠肺炎危機帶來的安全顧慮，早該跟上科技進展的線上醫療服務也終於向前邁進一大步。遠距醫療（Telemedicine）讓某些病人在家裡就能看醫生，讓患者不需要在這個最窘迫的時刻出門就醫。

把宗旨置於前方與中央

第五章提到，釐清公司的崇高宗旨是策略性要務，但同樣重要的是，宗旨也能協助創造擴張思維和充滿多種可能的希望感，當企業陷入困境時尤其如此。當百思買認定自己是專賣消費型電子產品的連鎖商店時，這世界充滿強烈的逆風阻礙。然而，當它釐清與確認企業宗旨，將自身定義為「用科技豐富顧客生活」，便鼓舞所有員工去看見能為人們創造持久價值、又具有意義的廣大市場。

我在二〇一七年告訴投資人，百思買不是致力於商品業務，而是致力於推廣幸福業務。明訂企業宗旨後，便開啟各種經得起時間、氣候、市場、和科技等進展的契機。最終的目標，則像是永遠不會抵達的地平線。即使二、三十年以後，也許會發展出全像式商店（holographic stores）或無人機送貨，但百思買將依舊持續用科技豐富著人們的生活。

新冠肺炎帶來的疫情危機，使得我們不得不專注於企業宗旨，以擴大自身視野。另一個絕佳的案例是明尼亞波利斯美術館（Minneapolis Institute of Art），該館於疫情嚴重期間關閉，但「透過藝術力量啟發奇蹟」的使命並非只能在美術館的四面牆內實現。在崇高宗旨的鼓舞之下，美術館工作人員推出一系列新的服務，讓人們在家中就能透過網路欣賞館藏、聆聽 podcasts，並參加線上虛擬活動。美術館擺脫了原本在時間與空間上的限制，以嶄新的方法締造奇蹟，將原本以靜態展示的美術收藏，推廣給全世界廣大觀眾。

面對疫情，餐廳不僅推出取餐及外送服務，還發展出外送食材讓顧客在家自行烹飪的全新業務。專注服務顧客的宗旨，便能超越空間限制，接觸更廣大的消費族群。

★　★　★

有個很受歡迎的法國漫畫，兩位主角分別叫做阿斯特（Asterix）和歐胖（Obelix），他們所在的布列塔尼省（Brittany）小村莊，當時卻做到了西元前五〇年的人們認為不可能的任務：即使羅馬帝國已占領高盧地區，卻唯獨對這座村莊屢攻不下。原來，村民的武器是祭司製造的神奇藥水，凡是喝下藥水的人都力大無窮。

讓眾人跌破眼鏡的亮麗表現不只出現在漫畫書裡，也能夠發生在商業界，我們的員工就和阿斯特和歐胖一樣，需要某種神奇的魔法。不過，和漫畫不同的是，讓企業產生亮麗表現的「人性魔法」一點都不神祕，它由五大要素所組成，並且全都詳述於本書第三部。

然而，除了第一部討論的新工作觀點，第二部提出建立宗旨型人性組織，再加上第三部的人性魔法組成要素，尚不足以促成企業改革。還必須加上另一件事：新型態的領導者。

請思考以下問題

- 你目前所處的公司環境是充滿可能性的世界，還是充滿限制的世界？
- 你如何界定個人和公司的宗旨？你的目標是當第一名，還是做最好的自己？
- 你能夠為自己和公司重新訂出各種可能性嗎？
- 挑戰對你有何影響？會讓你感到精疲力盡，還是精力無窮？
- 你如何將成長策略和企業宗旨相連結？

本書提出的商業觀點是根據看待工作的不同態度（第一部）、對於企業角色和特性的嶄新觀點（第二部），以及成功造就員工「非理性表現」所需環境的看法（第三部）。為結合上述要素，我們必須改變傳統的領導模式，這就是第四部的重點。

領導者必須是絕頂聰明、大權在握的超級英雄，這種具備完美形象的領導者已經過時。今日的領導者必須具有宗旨感，知道自己的服務對象是誰，謹記自己真正的角色，受價值觀驅使，讓人感到真心、可靠。這，正是宗旨型領導者的五大特質。

第四部

宗旨型領導

第十四章　領導方式至關重要

你做了明智的選擇。

——電影《聖戰奇兵》（*Indiana Jones and the Last Crusade*）中的聖杯守護者

二〇〇〇年，我掌管威望迪的遊戲部門時，母公司威望迪集團併購媒體巨擘環球集團（Universal）。我寫信給我的老闆，向他說明我在麥肯錫時管理企業併購後事務的相關經驗，試圖說服他讓我加入負責整合兩家公司的領導團隊。結果如願以償，我被指派至美國，負責主導合併以「統合綜效」（extract synergies），並直接向巴黎的威望迪執行長報告工作進度。老闆在董事會上宣布我的新任命，我實在興奮極了。

我為何感到興奮？是因為這份新工作能夠實現崇高宗旨、為世界做出正面影響嗎？老實說完全不是，我壓根沒想過這些問題。我得承認，我的努力都是為了滿足個人的事業發展野心。我之所以興奮，是因為新職位讓我再次往高層邁進一大步。

不過，我的興奮沒能持續多久，因為根本沒什麼綜效可以統合。環球集團是一家美國企業，旗下擁有音樂、製片廠和主題樂園，和威望迪在法國的行動電話及付費電視業務沒有多少重疊之處。我讓自我蒙蔽了決策，爭取到一個有名望、卻沒什麼意義的職位。最後，這份工作沒能為我帶來喜悅，我只是拖著身軀到處趕場開會，監督這個沒什麼實質意義的併購案。還好這份工作只維持十八個月。二〇〇二年，威望迪因連續收購而負債累累、陷入危機。我於是加入主導公司重整的團隊。

爭取管理合併的經驗讓我學到一個重大教訓：要小心、要留意你的動機。也拜這個教訓所賜，我認真的問自己：想成為什麼樣的領導者。從那次以後，我嘗試用三個不同的標準來衡量我未來的事業發展：

- 是否符合我的個人宗旨？
- 我在這個角色上能否做出重要的正面貢獻？
- 我能否樂在其中？

也就是說，我思考的是這份工作對我而言，是不是具有意義、有影響力又感到愉悅的機會？這些都是我在評估百思買執行長職位時思考的問題。因此，即使很多人都認為我瘋了，但對我來說，這個新角色確實符合這三大重要標準。

「想成為什麼樣的領導者？」是所有領導者都必須思考的重要問題之一。另一個重要問題是：「我們應該讓誰擔任領導職位？」

在我受教育的養成過程中，受到以下三種領導觀點影響甚深，它們多少也影響我對於上述兩個問題的看法，以及廣泛而言的商業觀點：第一、領導者是超級英雄；第二、領導力是與生俱來；第三、江山易改，本性難移。

然而，在我經過長時間與累積無數實戰經驗後，在在證明這三種領導觀點全都是迷思，需要認真的予以破除。我們不必再受到這些迷思的影響，能選擇成為你想要成為的領導者。身為領導者的你具備這樣的認知尤其顯得重要，因為它所造成的影響不僅僅是你個人而已，還包括公司和所有員工。

破除三大領導力迷思

迷思一：領導者是超級英雄

我從小就認為，成功的領導者能夠告訴大家正確答案，靠一己之力帶領企業轉危為安。絕頂聰明（並確保大家都知道他很聰明）似乎是優秀領導者的正字標記；名校畢業更似乎是找到最好的工作、成為最優秀領導者的絕對保證。權力、名聲、榮耀和金錢則是事業成功的衡量標準。這些考量深深的影響我早期的事業選擇。

記得我在商學院就讀的最後一年，有天被叫到院長辦公室，告知我獲得國營的薩西洛爾鋼鐵公司（Sacilor）董事長與執行長助理的工作，原本這個職位的人剛獲得升遷，他之前也和我一樣是班上第一名畢業。我立刻接受這份工作，但不是基於個人宗旨，而是因為它看起來很優越、對我未來的事業發展應該很有幫助。我正式朝法國商界精英邁進第一步，能接觸到畢業於頂尖大學、並在日後成為有權有勢的英雄級領導者。他們是最聰明的一群人。

以一己之力就能化險為夷的英雄領導者形象在我腦海中根深柢固，嚴重程度或許還可回溯至以大力士海克力斯（Hercules）為代表的古希臘半神半人的傳說，即使在我進入商界後，仍然揮之不去。在我職業生涯早期，認為像奇異公司的傑克．威爾許（Jack Welch）這樣的企業領袖，都是因為他們的智慧、策略和硬漢風格而受人尊敬。他們被視為無懈可擊的天才，吸引一批如邪教教徒般狂熱的瘋狂追隨者。

不過，無懈可擊的領導者形象如今已經失去吸引力。

第一、現在愈來愈多人重視真實性和關係。威斯康辛大學麥迪遜分校心理學教授寶拉．奈登薩（Paula Niedenthal）所做的研究顯示，人類天生能偵測出不真實性。[1]這幾十年來，人們期許領導者具備的特質是隨時都能維持完美，具備強勢和權威，但這只是過於脫離現實，充斥著虛偽的假象和人際的疏離。

第二、英雄領導者的模式未能將位居企業核心的宗旨考量在內。超級英雄只能活在電影中，不應出現在企業中。

第三、成功的英雄領導者很容易開始相信自己比別人聰明、所向無敵、一切非他不可。人很容易受到權力、聲望、榮耀和金錢所誘惑，久而久之便開始脫離現實、與同事疏離，或被阿諛奉承的人所包圍。負責百思買媒體事務的佛爾曼幽默的為這種領導者心態下了完美注腳：「關於我的部分已經講得夠多了，現在來談談我吧！」

歷史上充滿這類名人執行長，他們一度被視為商業天才或超級英雄，最後卻從雜誌封面人物淪為階下之囚，像是安隆公司的傑夫・史基林（Jeff Skilling）和日產汽車（Nissan）的卡洛斯・高恩（Carlos Ghosn），到奎斯特通訊（Qwest）的約瑟夫・納奇歐（Joseph Nacchio）和世界通訊（WorldCom）的伯納德・艾柏斯（Bernie Ebbers）。

我早年辛苦的應付意見回饋、讓個人野心決定某些職涯發展，正顯示我以前也曾陷入「超級英雄執行長」模式的迷思當中。當我覺悟到我並不想當這種領導者，我便積極的不讓自己落入這個危險的陷阱中。我剛當上百思買執行長時便這樣指示公關部門：「你們的任務是確保我永遠不要登上雜誌封面。」我堅持盡量搭乘一般客機，而非私人專機。我設定種種自我限制，讓我能腳踏實地。我想確保我的自我不會讓我做出脫序行為。

「我不是百思買的執行長。」那時我才剛上任不久，就在明尼亞波利斯市地方報紙的專欄上這樣宣示。

我的意思是：我很榮幸能獲得這份工作，但它並不能定義「我是誰」。打從一開始，我的目標就不打算戀棧高位，所以我才會在二〇一九年決定把執行長的棒子交給貝瑞和她的團隊。當企業整體表現出色，擁有傑出的人才和優秀團隊的領導，我覺得已經完成最初設定的目標，因此，決定交棒是個相當容易的決定。

英雄領導者認為，他們必須站在高能見度的前方領導大家；但我認為成功領導轉型的關鍵**不是**自己的能見度，而是在被需要時默默在大家背後提供支援。一年後，領導轉型完成，我轉任執行董事長。我從來不用「百思買執行長」定義自己，所以能夠很容易的開啟新頁。

迷思二：領導力是與生俱來

洛伊德．布藍克芬（Lloyd Blankfein）還是高盛投資銀行（Goldman Sachs）執行長時，我在明尼亞波利斯俱樂部聽過他的演講。布藍克芬告訴我們，他每天刮鬍子的時候，都會問自己：「會是今天嗎？今天全世界會發現我沒能力做這份工作嗎？」布藍克芬是全球最成功的銀行家之一，卻仍會懷疑自己的能力。事實上，我所認識的多數領導者，包括我自己，都為這種「冒牌者症候群」（imposter syndrome）所苦。

之所以會出現這種症狀，部分原因來自於「領導力是與生俱來」的錯誤觀念，誤以為領導力和天生的智商、自信、個人魅力有關。如果真是如此，能勝任這份工作的優秀人才將屈指可數，多數人都沒那個命。幸好相關研究已經推翻這種觀點，從偉大領導者們的人生自述中也能看見真相。像邱吉爾（Winston Churchill）這樣的偉人，就一點也不符合天生領導者的完美模型，並非打從娘胎就是領導者典範，隨時準備好激勵他人。大家都知道邱吉爾小時候功課很差，還患有語言障礙，但後來，他卻成為二十世紀最傑出的領導者之一。

沒錯，是「成為」。我相信多數被認為是「天生」的領導力特質，從策略性思維到口才，全都是後天學來的。我在前幾章也提過，是教練指導和效法楷模，一路上幫助我成為更好的領導者。

迷思三：江山易改、本性難移

我在百思買服務期間，有位主管告訴我，她相信人不會、也不能改變。我完全無法同意她的觀點，因為我自己就是改變的鐵證。我現在的領導風格和三十年前大相徑庭。以前的我相信，領導應該是透過數據分析，由上而下執行策略性規劃；現在的我則專注於「宗旨」和「人性魔法」。以前的我努力成為那個最聰明、能夠解決所有問題的人；現在的我專注於創造能讓所有人成長、找出解決方案的環境。以前的我相信，利潤是企業追求的唯一宗旨；現在的我知道，利潤只是其中一個重要任務和自然得到的結果。

成為你想要成為的領導者

當我確信領導者既非超級英雄也非與生俱來後，我發現我就能自由的選擇想要成為什麼樣的領導者。這是一個非常重要的選擇，將影響我和別人的互動方式、我對一級主管的人事安排，以及在公司產生的迴響。

可供選擇的領導者模型多不勝數，書架上多的是倡導各種領導類型與風格的領導力書籍。[2]克雷頓．克里斯汀生（Clayton Christensen）在二〇一〇年給哈佛商學院畢業生的建議：「想想你用來衡量人生的標準，以此努力的去活每一天，好讓你的人生被視為成功。」[3]這個建議對我來說，是很好的思考角度。

要決定你想成為什麼樣的領導者，不妨思考以下三件事：你的動力是什麼？你想留下什麼功績？以及，你如何堅持到底？

你的動力是什麼？

二〇一八年秋天的一個星期日下午，我到中城曼哈頓參加設計師艾絲・博賽爾（Ayse Birsel）的工作坊「設計出你熱愛的人生」。她鼓勵大家運用設計原則來思考人生抉擇。在其中一場特別深入的練習中，她要我們想想自己最欣賞的人。我的名單包括各領域的名人，像是甘地（Gandhi）和美敦力前執行長比爾・喬治。接著，博賽爾要我們在名單旁寫下這些人之所以令我們欣賞的特質。我所寫的特質似乎集中在改變世界的意志和能力，以及支持與幫助他人的堅定信念。

「這就是你們想成為的樣子，」博賽爾告訴我們：「你們有權決定要不要讓自己具備這些特質，並身體力行。」

這個工作坊來得正是時候，我當時正在思考是否要進入百思買。雖然過去我在羅耀拉靈修課程找到的宗旨，多年來依舊奉守不變，但博賽爾的工作坊幫助我進一步釐清對我很重要的關鍵特質，並幫助我積極的將這些特質大膽發揮在我接下來要做的事情上。

你想留下什麼功績？

接著，值得花點時間來思考這個問題，並確保你的決定，以及你付出的時間、努力和經歷的方式，都能配合你的決定。你要如何弄清楚呢？高階主管領導力教練荷頓蓀照慣例要她的客戶書寫自己的訃聞。這是一種強大的方式，能讓人全心專注於自己想要成就什麼，以及所做的決定是否符合這個宗旨。

同樣的，哈佛商學院為新任執行長辦理的工作坊上，麥可・波特（Michael Porter）教授則是要大家書寫退休演講。思考身為執行長，你希望給世人什麼印象？希望為世界做出哪些貢獻？想留下什麼樣的功績？

當然，被問及這些問題時，有幾位高階主管會提到他們要賺多少錢，以及要解雇多少人或上雜誌封面幾次。

你如何堅持到底？

克里斯汀生在對企管研究所學生演講中指出，沒有任何一位成功的經營者會想坐牢。但高成就者似乎下意識會把時間和精力放在短期可見的成果和認可，而不是他們覺得最重要的人和事物上。[4]要糾正這樣的習性，需要有自知之明，並每天固定檢視自己的內心。葛史密斯鼓勵他的客戶寫下反應重要價值的問題，並且**每天**問自己是否盡力那麼做。

無論你選擇哪一種反省方式，每天都要按下「暫停」鍵，確保你還謹記你的宗旨，並奉之為生活原則。除了自覺和堅守宗旨以外，我們還可以選擇仰賴家人、朋友、同事、教練、師長、優秀的董事會，幫助我們堅持下去，當我們迷失時，引領我們回到正軌。

★ ★ ★

身為領導者，我不再認為我的角色是有問必答。

選擇為什麼和如何運用權力、以及授權給誰，是領導者需要做出的最重要抉擇。企業是由一群為共同宗旨努力的個人所組成的人性組織，這意味著公司從上到下，都要改變對於領導者的看法。

而今日的企業最需要的領導模式，是能以宗旨和員工為優先的領導風格，我稱之為「宗旨型領導」。

請思考以下問題

- 你認為現在的你是什麼樣的領導者？
- 驅使你做出種種事業決策的動力是什麼？
- 你想要成為什麼樣的領導者？
- 你想為後世留下什麼印象？

第十五章　宗旨型領導者

我們能做的太多，我們可以用正確的領導方式拯救世界。

——電影《守護者》（*Watchmen*）中的
阿德里安．維特（Adrian Veidt）

二〇一三年一月，當時擔任百思買人力資源與商店總監的巴拉德，建議我闡明心中認為偉大領導者的條件。她的理由是，如果執行長所做的最重要決定是挑選領導人選，那麼就該釐清選擇的標準。不過，當時重整計畫正如火如荼的進行，百思買還很脆弱，我認為我們應該重行動、輕空談，所以我婉拒做這件事。

不過，巴拉德的建議絕對是對的。幾年後，我們成功拯救公司、展開成長型策略後，她又勸我分享我的領導準則，我也覺得是時候了。多年來，不僅是進入百思買後累積的經驗，以及二十多年來的企業領導實務，都讓我對於「宗旨型領導」（purposeful leadership）的想法更加清楚。究其精髓，我認為宗旨型領導可歸納為「五要準則」。

一、要清楚你的宗旨、員工的宗旨，以及如何與公司宗旨相連結

以前我招募領導者時，都會詢問應徵者的經驗和技巧、生涯目標，以及他們是否適合公司。在當時，這些標準條件在我看來都是最重要的考量。

如今，我永遠記得瑪麗蓮．卡爾森在從巴黎飛往明尼亞波利斯的飛機上，要我審視自己的靈魂。現在的我，也會花更多時間了解應徵者的夢想和宗旨。我會問他們：「是什麼給你力量？是什麼驅動著你前進？」

「我的宗旨，」接任我擔任百思買執行長的貝瑞說：「是讓周遭因我而更美好一點，無論是社區、每個家庭或是百思買這間公司，都是如此。」貝瑞很清楚她人生的宗旨，以及如

何將個人宗旨和百思買「用科技豐富顧客生活」的企業宗旨相連結。在此之前，她成功帶領公司走上如健康保健產業等新方向，同時符合她個人與公司的宗旨。

如今，她躋身為《財星》最有權勢女性與五百大最年輕執行長，她的宗旨依舊不曾改變。她不忘初衷的方式，就是在每天開車返家的途中問自己，當天百思買是否因為她又更美好一點。

在我卸下百思買執行長和董事長職務後，常和前來請益的領導者討論有關宗旨的問題，我總提醒他們不光是要了解自己和企業的宗旨，還要了解是什麼力量在驅動你的員工前進。最近，有位成功的執行長請我幫忙指導他的團隊成員，他覺得他們彷彿活在象牙塔裡，只關心自身業務領域的發展，完全不考慮組織整體。我和他討論後發現，雖然他很清楚自己和企業的宗旨，卻渾然不知周遭人們是為什麼而努力，因此很難幫助他們將個人宗旨與企業宗旨相連結，無法為所有人提供一個共同的動力。

新冠肺炎疫情期間我有機會與一些領導者深談，許多人將危機視為他們釐清個人宗旨，並與公司宗旨連結的關鍵時刻。或許這真是幫助別人、用人性來領導的契機！套用邱吉爾的話，這些領導者知道，這可能、也應該是他們「最光輝的時刻」（finest hour）*，他們想要順勢應變。他們知道企業成績的好壞，取決於公司和領導者如何實現崇高宗旨，並照顧廣大利害關係人，而不是股價高低和每股盈餘是否達標。

二、要清楚你身為領導者的角色

二〇一四年，就在零售業最忙碌的黑色星期五購物季的前兩週，執法當局找上百思買，說我們可能遭到資料外洩。這有可能成為大災難，我很擔心。重整還在進行，資料外洩可能會讓整個購物季和「重建藍衫」計畫雙雙報銷。

隔天一大早，我召集由資訊、營運、法務、媒體、財務等部門代表籌組的危機管理小組，我們圍坐在一間沒有窗戶的小會議室長桌旁，大家心情都很沉重。我該怎麼做？暴怒和沮喪嗎？我該不該插手解決問題？

我推開這些念頭，提醒自己要當個溫度調節器，而不是溫度計，把現場氣氛調整到朝向愉快和樂觀。「沒有人會希望這種事在黑色星期五的兩週前發生，」我說：「但這是個偉大的領導時刻，我們能決定該怎麼做。它讓我們有機會做出深遠的改變、成就最棒的自己。各位全都具備極為優秀的專業與能力，我期待和你們每一位合作，共創最佳結果。現在，讓我們一起加油吧！」

我們之前就曾演練過這種情況，所以有把握能夠妥善因應。幸運的是，聯邦調查局（FBI）的情報是虛驚一場，並沒有發生資料外洩。但這反而是很好的機會，提醒我身為領導者的角色，是為他人創造熱情與動能，尤其是在最危急的時刻。

領導者的責任是「幫助別人看見可能性和潛力，創造能量、靈感和希望」，要是在三十年前，我一定對這種想法嗤之以鼻，但這正是「宗旨型領導者」必須秉持的心態。如果是約翰・昆西・亞當斯總統（John Quincy Adams）就會這麼說：「如果你的舉動能鼓勵別人夢想更多、學到更多、做得更多、成就更多，你就是領導者。」

＊出自英國首相邱吉爾在演說中提到：“This was their finest hour.”

你無法選擇自己的處境，但你能控制自己的心態。你的心態將決定你是為周遭人們激發出希望、靈感和能量；或者是親手打垮每個人。所以，領導者的選擇很重要。我在卡爾森集團工作時，每天上班都會想到這個道理，因為總部大廳有座創辦人克特・卡爾森（Kurt Carlson）的雕像，上面刻著一句拉丁文 Illegitimi non carborundum，意思是「不要讓混蛋欺負你」。

三、要清楚你的服務對象

我曾告訴百思買的主管：「如果你的所做所為是在為自己的升遷鋪路，只想討好上司或我這個執行長，沒關係，這是你的選擇。但這麼一來，你不應該在這裡工作，你應該被榮升為顧客。」我的意思是，百思買容不下只想升遷的人。有位優秀的主管因專業和經驗被百思買延攬，最後卻因個人野心太大而離開。趨名逐利的心態會讓人與同事格格不入。

有些領導者相信手腕強硬、堅持自我才有助於事業發展，但這是你想要成為的那種人嗎？這是你唯一的選項嗎？優秀的領導者不是打敗所有競爭者而爬上公司頂端，而是像我的朋友史賓沙公司執行長希特林那樣，被眾人推上公司頂端，原因在於他們致力於服務別人。

身為領導者，你必須服務那些帶動業務成長的第一線員工。你必須服務你的同事、服務你的董事會。你必須服務周遭人們。你必須先了解他們需要什麼，然後竭盡所能的支持他們。

企業教練葛史密斯曾要我把每個人視為顧客。例如，你對待航空公司員工或餐廳服務生的方式，會大大影響你受到的服務品質，有位曾與我共事的高階主管就因此出了洋相。

那天他因班機取消而被困在機場，在排隊等候轉機的過程中逐漸失去耐心，他直接走到隊伍前方對著櫃檯人員咆哮道：「你知道我是誰嗎？」

「各位女士先生，我需要你們的幫助。」地勤人員對排隊的人們說：「我們遇到有健忘症的乘客，這位先生不知道自己是誰！」

我們需要維持警覺與適當的自知之明，才能避免落入權力、名聲、榮耀和金錢的陷阱。每個人都可能不小心被自我與野心給蒙蔽，就像那名高階主管試圖濫用自己的地位與權勢。我也曾經落入這種鬼迷心竅的陷阱，就像在第十四章提到的那樣，竭盡心力去爭奪一個聲望極高，但卻毫無意義的職位。在說話及行動之前，應該先清楚你的動機，以及你要為誰服務。

四、要受價值驅動

我在麥肯錫工作時，曾向合夥人之一、後來擔任百思買首席獨立董事羅斯・弗拉丁（Russ Fradin）徵詢領導建議。他給我的建議是：「說實話、做對的事」。

在多數情況下，我們對於什麼是對的事都有共識，例如誠實、尊重、責任、公平和惻隱之心。每家公司都白紙黑字明訂偉大的價值。但只寫在紙上的價值一點用處都沒有。受價值驅動是指去做對的事，而不光只是知道或是口頭說說。領導者的角色是成為這些重要價值的楷模，宣傳並確保它們成為企業結構的一部份。

例如，嬌生公司著名的《我們的信條》（*Our Credo*），是由創辦人的兒子於一九四三年起草。一九八二年，有民眾因服用遭下毒的泰諾止痛藥（Tylenol）而死亡，該公司立刻決定回收這款公司暢銷產品，回收量達三千一百萬瓶之多，彰顯領導者對公司信條的堅持。

時至今日，嬌生依然要求員工評估自己對信條的實踐情況，一次次透過「信條挑戰」來公開討論它的價值、檢討它的適用性，並重新詮釋如何將它落實於現今的公司營運。

同樣的，我在卡爾森集團和百思買都訂出「價值日」（values days），每位員工都要在這些日子與同事討論公司價值，探究我們是否實踐這些價值，以及該如何更充分履行它們。

當然，在對的事上面知行合一並不容易，但哈佛大學教授指出，百分之百堅守原則要比九八％堅守原則來得容易：「僅此一次」違背價值的代價看起來似乎很小，但一旦開了先例、水愈淌愈渾，最後可能讓你鋃鐺入獄。[1]因此，如果你拒絕屈服於「僅此一次」，並謹記說實話和做對的事，選擇就會變得更加容易。

在危機時刻，當緊張和壓力衝撞我們的判斷時，堅持價值尤其重要。哈瑞・克雷默（Harry Kraemer，百特國際醫療公司〔Baxter International〕執行長、凱洛格商學院領導力教授，同時也是麥迪遜迪爾伯恩私募股權公司〔Madison Dearborn〕執行合夥人）說出許多領導者在疫情期間的心聲：「你感到擔心、害怕、焦慮、壓力和緊張，這些感覺讓你難以招架。因為不知所措，所以無能為力。」

他認為，領導者需要奉行的主要原則或目標之一，是相信你的夥伴會做對的事，而且會盡力而為。克雷默也不諱言，做對的事要比說起來更困難。但只要你身邊的人都是你能信任、也秉持和你及公司一樣的價值，你就不用單打獨鬥。你們會一起決定哪些是對的事，然後盡全力執行。[2]

我很自豪於疫情期間價值指引百思買的領導方向。在多數地方，百思買提供不可或缺的服務，為在家工作與學習的人們提供設備與支援，所以我們有正當理由繼續讓分店營業。但需求飆漲的同時，還必須兼顧更基本的優先事項，那就是員工與顧客的安全與健康。若員工擔心安危，顧客自然也會緊張。於是貝瑞和她的管理團隊毫不遲疑地關閉店面。幾天之內，百思買的營運模式就轉為無接觸店外取貨。我們不知道關店對於利潤的衝擊有多少，但這不重要，重要的是，先做對的事。

受價值驅使也包括：知道何時該離開不屬於你的環境，原因也許是你的同事、你的上司、你的董事會，或你的公司看重的價值和宗旨。常言道，要清楚知道什麼你能改變、什麼你不能改變。以我來說，我之所以離開電資系統法國分公司，主要是因為不認同新執行長對於利潤和人員的看法。

五、要真實

二〇二〇年七月十一日，正值全美新冠肺炎疫情肆虐之際，我卸下百思買執行董事長一職。在許多方面，這感覺都要比前一年交出執行長的棒子還要不得了。雖然我會繼續鼓勵、欣賞與支持百思買和所有員工，但我在公司已經沒有任何正式身分。我在這裡度過八年的美好時光，如今一切將成往事。

新冠肺炎疫情嚴重，我只能以電子郵件向大家道再見。我以「我愛你們！」為主旨，寄信給曾和我密切共事的高階主管和董事會成員，表達我心中的感受。我借用英國作家米恩（A. A. Milne）的文字，感激我居然有那麼多需要好好道別的對象。我在致所有百思買員工的影片中也表達相同情緒。「再見了，我的朋友們，」我最後說：「我會繼續把你們放在心中。」用這種方式和大家交心，是多年前的我絕不可能做到的事。

一行禪師說：「這輩子最漫長的旅程，是從腦到心這段十八吋的距離。」這的確是冗長又艱苦的旅程。過去我和許多同世代的領導者一樣，一直相信不能將情緒帶到工作上。我有太多事需要重新學習，我花了一輩子才學到這第五項、同時也是最困難的要素：做自己、真正的自己、全部的自己、最棒的自己。要懂得脆弱、要記得真實。這似乎是新世代領導者更能直覺掌握的道理。

我們都聽過追求「工作與生活平衡」的觀念。在家庭、朋友、休閒和工作之間，求得平衡是重要的考量，但這樣的說法似乎暗示工作以外的才是生活，工作和生活不同，工作並非我們**真正的生活**。

反觀疫情期間，太多人在家工作，「工作與生活平衡」的觀念因而蒸發人間。我們攜家帶眷的上班，不但小孩在身邊，旁邊還有小貓小狗跑來跳去。人性從未如此這般彰顯。這種情況或許對許多人來說既不自在、也不簡單，但我們都得大方的擁抱人性，從新的角度來看待彼此，並展現真實的自己。

員工希望領導者當平凡人，希望領導者接受他們，讓他們覺得被尊重、被聽見、被了解和被包容。這意味著領導者得敞開心胸，呈現自己的脆弱，並承認我們也有許多不知道的事。

布芮尼・布朗曾說，脆弱是社會連結的核心。社會連結就是企業的核心。

而它，從我們每一個人開始。

請思考以下問題

- 你決定要成為哪一種領導者？
- 你如何描述你的宗旨？
- 你如何創造出讓每個人都能成功發展的環境？
- 你的服務對象是誰？
- 你秉持哪些價值？
- 你是否盡力做到真實、親民，能夠展現脆弱的一面？

結論
採取行動

親愛的讀者，本書進行到這裡，下一步將是什麼呢？

我們如何把宗旨和員工置於企業初心？

我們如何真正釋放「人性魔法」，創造不可能的結果？

我們如何應用本書提出的宗旨型人性組織，加速商業及資本主義的必要轉型？

這些都是當務之急。我們需要為所有利害關係人、為所有地球公民謀取福利。那麼，該怎麼做呢？

好消息是，「企業宗旨」和「利害關係人資本主義」的概念正在美國及全球商業界蓬勃發展。根據我的了解，多數領導者都相信這種做法，至少高層經營者如此。但我的個人經驗告訴我，知道與行動之間往往還有一段遙遠的距離。在我看來，若要把思想和文字化為現實，我們需要努力的還有很多。

我所倡議的企業重建模式，需要我們每個人與所有利害關係人一同做出改變。我常告訴別人：促成別人行為改變的最佳策略，就是改變自己的行為。因此，最後，讓我們來想想，自己能怎麼做。

以下每個角色，都能為我們共同的宗旨盡一份心力。

領導者

我很喜歡一個故事，故事主角是有關一個想要改變世界的人。首先，他搬到加爾各答（Calcutta）去幫助最貧窮的人們，但他發現自己改變不了什麼。他想，也許應該先從美國開始，於是他搬到紐約幫助貧窮的人，但他發現自己改變不了什麼。因此，他打算先從家人做起。他搬回家裡幫助妻小，但他依然發現自己改變不了什麼。他陷入漫長的思考，最終發現，也許應該先從自身做起。於是，他改變自己，這就是他所能改變世界的方式。是的，要成為第十五章描述的「宗旨型領導者」，就應該從自身做起。透過自我反省及反思，才能釐清並隨時謹記我們的宗旨，讓驅使我們的動力源源不絕。如果無法與自己建立深度連結，就無法真實且徹底掌握他人的心。[1]為了幫助周遭人們成功、讓他們也成就最好的自己，我們得日復一日努力讓自己處於最佳狀態。

所以，請從你自己做起。

成為你該成為的領導者。

成為你想看見的改變。

企業

農夫會告訴你，撒在貧瘠土壤上的種子不會發芽成長。因此，你得先確定土壤沒問題。對企業而言也是如此。當一個企業踏上追尋宗旨的旅程，第一步並不是定義公司宗旨，而是應該先專注於創造適合成長的環境，確保人們感覺自己存在、被公司看見、有歸屬感、具有舉足輕重的價值。唯有如此，崇高宗旨才可能真正在企業中生根與茁壯。

當時機成熟，花點時間和團隊一起創造出企業的崇高宗旨，這個宗旨要兼顧：一、世界的需求；二、公司的能力；三、公司員工的動力和他們熱愛的事物；四、如何讓公司獲利。

和團隊一起將公司的崇高宗旨轉化成具體的策略行動，才能獲得有意義的進展。這些行動在公開宣布企業宗旨之前就要開始進行。誠如行銷大師羅恩．蒂特（Ron Tite）所說的：「思考、實踐、傳達」。當時機到來，就要用實際且直接的文字，向所有員工傳達並表明崇高宗旨，讓大家了解宗旨的具體意義，以及他們如何參與其中。

公司需要進行重大改革，才能讓新的崇高宗旨成功扎根。不光是策略，工作的方式也需要改變，人員方面可能也需要隨之調整。關鍵在於創造一個人人能夠成長茁壯、得以發揮「人性魔法」的環境。

產業部門及社區領導者

企業領導者影響所及，遠遠超出辦公室的範圍。如果你是產業部門和地方社區生態系統的一分子，請找出你做得到的系統性改變（例如種族不平等或環保問題），然後與同儕一起應對，這是你職責內的一部分。領導者必須結合整個產業的力量、制訂新規範、改善標準，透過這些集體行動來平衡競爭環境，以加速必要的改變。

董事會

請問問自己，是否以下列準則看待你的職責，並評估你能做到什麼程度？

- 公司選擇、評估、給薪、發展和晉升領導者的方式，符合宗旨型準則和人本領導。
- 公司的策略以崇高宗旨為基礎，並考量對所有利害關係人產生的影響。

- 公司訂定目標和管理績效的方式符合宗旨型準則。
- 董事會協助發展公司文化，並讓主管負責創造出讓每個人有歸屬感、反映顧客與地方社區多元性的環境。
- 公司政策、危機管理和法令遵循計畫符合企業宗旨、宗旨型準則、人本領導。

投資人、分析師、立法者和評比機構

請自問還能如何盡力、讓評估與投資決策更符合宗旨型準則與以人為重的管理。各界已經發展新的標準、規範和工具，來協助評估企業是否照顧所有利害關係人。例如，世界經濟論壇和永續會計準則委員會（Sustainability Accounting Standards Board）就一直宣導將「永續性」納入企業績效評估的標準。

不過，現階段所做的還是不夠。例如，投票顧問公司在評估高階主管薪酬時，還是只看股東報酬。用會計標準來評量企業表現時，還是沒有納入外部性因素。

商業人才培育機構

許多優良教育機構已經將企業宗旨和人的層面納入未來領導者的教育課程。他們知道最優秀的領導者不會是那些能背得出「行銷四P」策略或會算投資淨值的人。

在商業人才培育上，我們還需要努力的有：如何幫助學生在個人旅程上，發展成更好、更有宗旨感、更一致、更人性化的領導者，而不是只想假扮成超級英雄？如何教導學生以崇高宗旨作為策略基礎，創造能夠啟發員工的高效能環境，並願意一肩扛起對所有利害關係人的責任？

★　★　★

親愛的讀者，繼續推動這項改革就靠我們了。

如今，我已離開百思買，展開人生新的篇章，我熱切想為這神聖的使命發聲與努力，這就是我撰寫本書背後的動力。也因如此，三年前，我便決定在我的母校法國巴黎高等商業研究學院（HEC Paris）擔任客座教授，講授「宗旨型領導」，並和其他教授一起推動這個理想。這也是我進入哈佛商學院任教的原因，我很高興能和同事們一起擔起教育下一代領導者之責。我的妻子荷頓蒸也是一名優秀的主管領導教練，我和她攜手支持其他有志一同的領導者，協助他們成就最好的自己，以宗旨和人性來領導，為世界做出正面改變。

你願意共襄盛舉嗎？

讓我們一起努力推動，使宗旨和員工成為企業初心。

修伯特・喬利

二〇二〇年十一月

誌謝

修伯特．喬利

本書能順利付梓，要感謝許多人的幫忙。我尤其感激以下人士：

• **多年來啟發我的人們**。我在麥肯錫顧問公司的諸多客戶，包括迪卡彭崔和伊夫斯．樂薩吉（Yves Lesage），是他們教會我領導的基本準則。山謬爾神父是我三十多年來的精神嚮導、靈感與智慧的來源。瑪麗蓮．卡爾森．尼爾森讓我明白，如何用愛領導。弗拉丁是我在麥卡錫的合夥人，後來擔任百思買獨立董事，他始終大方的與我分享他的智慧。葛史密斯對我影響重大，不但改變我的人生，也培養我接受他人意見、持續精進的能力。之後接手的普林納，則幫助我更了解有效的團隊領導。史賓沙顧問公司的希特林不僅鼓勵我爭取百思買執行長一職，也持續提供他在領導上的精闢見解和智慧。雷夫．羅倫是我的偶像，讓我見證如何建立以美好生活與夢想為核心的企業。十多年來，比爾．喬治一直是良師益友、思想夥伴和標竿楷模；他在本書撰寫的各個發展階段惠賜許多珍貴意見，還特地為我寫序。這些年來，我認識許多企業和非營利組織領導者，他們都是我的靈感泉源，幫助我更加了解如何從宗旨和人的角度來領導。其中，許多領導者還不吝為本書撰寫推薦文，特此表達我的感謝！

- **整個百思買團隊**。我在百思買任職期間，從朋友和同事身上獲益良多。首先是公司創辦人舒爾茨；以及長期擔執行長的安德森，我在他擔任卡爾森董事時就認識他。其次是本書提到的所有百思買主管和領導者，特別是我優秀的繼任者貝瑞，她也是現今全球最了不起的執行長之一。還有所有有幸一同共事、向他們學習的藍衫王國所有成員（你們給了我太多太多！）。也感謝公司所有董事，尤其是我初來乍到時幫助我的泰阿吉。
- **巴黎高等商學院（HEC Paris）喬利家族宗旨型領導講座的合作團隊**。彼得．陶德（Peter Todd）和羅多夫．杜蘭德（Rodolphe Durand）教授，謝謝你們篤信這些構想，並運用它們協助改造商學教育。

- 我在哈佛商學院的新同事熱烈的歡迎我加入為人師表的行列，並給我機會幫助下一代成為偉大的領導者，處理世界正面臨的種種挑戰。
- 我的寫作夥伴卡蘿蘭・藍柏特帶來愉快的合作經驗，並讓書寫計畫成真。若說寫書很困難，則寫一本好書更是難上加難。若這是本好書，則要歸功於卡蘿蘭。
- 我的經紀人雷夫・薩加林（Rafe Sagalyn）不斷敦促我增加「本書的弧度」，不斷鼓勵我「以身作則」而非「訓示說教」，並且介紹我認識《哈佛商業評論》出版社卓越的編輯團隊。
- 《哈佛商業評論》出版團隊，尤其是優秀的編輯史考特・貝里納托（Scott Berinato），我和卡蘿蘭與他合作愉快。他一路上提供難能可貴的指導和支持。史考特，我們熱愛每一次和你共事的時光。
- 感謝我的得力助手雪莉・普朗克（Shelley Plunkett）、瑪西亞・桑德堡（Marcia Sandberg）和伊莎多拉・克拉琳（Ysadora Clarin）在整個書籍撰寫過程中展現的優雅和效率。

- 最後，我要特別感謝從小教會我努力工作和體面有禮的父母。我的兒女隨時給予我愛、構想和鼓勵，還有愛妻荷頓蕬最美好的支持與陪伴。

卡蘿蘭・藍柏特

書寫本書是一段愉悅又啟發人心的經驗。

謝謝你，喬利，邀請我加入你的書寫冒險旅程。這真是一段精采的冒險！我們共同度過多次搬家、重大人生改變、全球疫情、網路故障，以及數不清的 Zoom 視訊時光。謝謝你放心的將自己的構想和故事交付給我、耐心回覆我的問題，還優雅的督促我，並提出如此具有啟發性的商業願景——和我多年前離開的商業界截然不同。謝謝你的耐心、善意、慷慨和積極。你是我夢寐以求的合著夥伴。

我們有幸從一開始就由傑出的貝里納托擔任編輯。本書內容因他的意見和銳利眼光而更加美好，他的幽默和鼓勵讓每次會面份外愉快。也謝謝《哈佛商業評論》出版團隊協助將本書從電腦螢幕化為實體書冊。

感謝許多同業審稿人熱心閱讀草稿，並給予珍貴意見。喬利的經紀人薩加林大力協助修改提案，並與《哈佛商業評論》接洽出版事宜。

衷心感謝普朗克、桑德堡和克拉琳月復一月的安排會面場地。也謝謝佛爾曼和他的幕僚協助提供百思買資料。

我要對荷頓蘇致上誠摯的感謝，沒有她，這一切都不會成真。謝謝妳一直以來的友好和支持。

最後，我要獻上我最深的感激和愛意給我的先生大衛和女兒柔依，是你們的愛、支持和諒解，伴我度過無數次熬夜和修改書稿的日子。你們是我的全世界。

注釋

前言

1 Lisa Earle McLeod, *Leading with Noble Purpose: How to Create a Tribe of True Believers* (Hoboken, NJ: Wiley, 2016).

第一章

1 Marcus Buckingham and Ashley Goodall, *Nine Lies about Work: A Freethinking Leader's Guide to the Real World* (Boston, MA: Harvard Business Review Press, 2019), Appendix A, 237–245.

2 Jim Harter, "Dismal Employee Engagement Is a Sign of Global Mismanage-ment," Gallup Workplace Blog, https://www.gallup.com/workplace/231668/dismal-employee-engagement-sign-global-mismanagement.aspx.

3 Gallup, *State of the Global Workplace* (Washington, DC: Gallup, 2017), 5.

4 Andrew Chamberlain, "6 Studies Show Satisfied Business Employees Drive Business Results," *Glassdoor*, December 6, 2017, https://www.glassdoor.com/research/satisfied-employees-drive-business-results/.

5 Glassdoor, "New Research Finds That Higher Employee Satisfaction Improves UK Company Financial Performance," March 29, 2018, https://www.glassdoor.com/about-us/new-research-finds-that-higher-employee-satisfaction-improves-uk-company-financial-performance/.

6 專門評估與改善員工投入程度的Glint平台，在二〇一六至二〇一七年針對十五個產業、七十五家公司，一共超過五十萬名員工進行為期一年的研究，結果發現，和員工滿意度持平或較高的人相比，滿意度低的人在未來六個月離職的可能性高出四倍，未來十二個月離職的可能性更高出十一倍。

7 Buckingham and Goodall, *Nine Lies about Work*, Appendix A, 237..

8 Glint customer studies.

9 在亞里斯多德的職業等級觀點中，最低階的職業是勞作者（無論是奴隸或技術性工作），往上一階是實踐構想者，最高階則是智力沉思者。後者才是最崇高的生活方式。

10 羅馬詩人維吉爾（Virgil）講述國王朱比特讓人類必須勞動來滿足需求，而神則沒有工作的負擔。西賽羅（Cicero）則寫道，工作是低俗的事情，會損害身體和心靈。

11 亞當偷吃禁果後，上帝對他說：「土地就必因你的緣故而受咒詛；盡你一生的日子你必勞苦，才能從土地得吃的。」（《創世紀》第三章第十七節）；「你必汗流滿面才得餬口，直到你歸了土。」（《創世紀》第三章第十九節）這樣看來，工作顯然是必須、而且很痛苦的事情。

12 Adam Smith, *Wealth of Nations* (New York, NY: Random House, 1937), 734–735.

13 這種觀點認為，工作只是維生的目的，但工作本身則毫無用處。馬克・吐溫說：「工作是要避免的必要之惡。」而澳洲記者阿爾弗雷德・波爾加（Alfred Polgar）則說：「工作是為了你以後不再需要工作。」

14 General Stanley McChrystal, Swith Tantum Collins, David Silverman, and Chris Fussell, *Team of Teams: New Rules of Engagement for a Complex World* (New York, NY: Portfolio/Penguin, 2015).

15 McChrystal, Collins, Silverman, and Fussell, *Team of Teams*.

16 According to the ADP Research Institute's global survey，請見：Buckingham and Goodall, *Nine Lies about Work*, 244–245.

第二章

1 Khalil Gibran, "On Work," in *The Prophet* (New York, NY: Alfred A. Knopf, 1923).

2 Genesis 2:15.

3 幾位教宗曾以通諭型式表達其觀點，最終集結於若望保祿二世所出版的《天主教社會訓導彙編》（*Compendium of the Social Doctrine of the Catholic Church*）。

4 "Human work not only proceeds from the person, but it is also essentially ordered to and has its final goal in the human person."出自：John Paul II, "Łaborem Exercens," September 14, 1981, https://www.vatican.va/content/john-paul-ii/en/encyclicals/documents/hf_jp-ii_enc_14091981_laborem-exercens.html.

5 喀爾文的說法是："All men were created to busy themselves with labor for the common good,"

6 John W. Budd, *The Thought of Work* (Ithaca, NY: Cornell University Press, Kindle Edition), 166. 伊斯蘭教告訴其信徒：「最好的人，是對他人最有幫助的人。」

7 印度教告誡人們要「不斷努力為世界福祉服務，無私工作才能達成人生終極目標。」請見：Budd, *The Thought of Work*, 162. 印度教靈性教育家暨作者加亞特里・納蘭（Gayatri Naraine）則指出：「把服務的層面加入工作，才能將人放在工作的核心，重新找回過去一向欠缺的工作意義和目的。」請見：Naraine Gayatri, "Dignity, Self-Realization and the Spirit of Service: Principles and Practice of Decent Work," in *Philosophical and Spiritual Perspectives on Decent Work*, ed. Dominique Peccoud (Geneva, Switzerland: International Labour Organ-ization, 2004), 96.

8 Andrew E. Clark and Andrew J. Oswald, "Unhappiness and Unemployment," *The Economic Journal* 104, no. 424 (May 1994): 648–659, https://www.jstor.org/stable/2234639?read-now=1&refreqid=excelsior%3Ab2ef5905f5bcbaad19ec08dd2dd565d7 &seq=11#page_scan_tab_contents.

9 Juliana Menasce Horowitz and Nikki Graf, "Most U.S. Teens See Anxiety and Depression as a Major Problem Among Their Peers," Pew Research Center, Febru-ary 20, 2019, https://www.pewsocialtrends.org/2019/02/20/most-u-s-teens-see-anxiety-and-depression-as-a-major-problem-among-their-peers/.

10 Amy Adkins and Brandon Rigoni, "Paycheck or Purpose: What Drives Millennials?," Gallup Workplace, June 1, 2016, https://www.gallup.com/workplace/236453/paycheck-purpose-drives-millennials.aspx.

11 David Brooks, *The Second Mountain: The Quest for a Moral Life* (New York, NY: Random House, 2019).

12 Bill George, *Discover Your True North: Becoming an Authentic Leader* (Hoboken, NJ: John Wiley & Sons, 2015).

13 Hortense le Gentil, *Aligned: Connecting Your True Self with the Leader You're Meant to Be* (Vancouver, BC: Page Two, 2019). 作者荷頓蒸是我的妻子。

14 Gianpiero Petriglieri, "Finding the Job of Your Life," *Harvard Business Review*, December 12, 2012, https://hbr.org/2012/12/finding-the-job-of-your-life.

15 J. Stuart Bunderson and Jeffrey A. Thompson, "The Call of the Wild: Zookeepers, Callings and the Double-Edged Sword of Deeply Meaningful Work," *Administrative Science Quarterly* 54, no. 1 (March 2009): 32–57.

16 Dan Ariely, "What Makes Us Feel Good about Our Work?," filmed Octo-ber 2012 at TEDxRiodelaplata, Uruguay, video, 20:14, https://www.ted.com/talks/dan_ariely_what_makes_us_feel_good_about_our_work.

第三章

1 Marshall Goldsmith with Mark Reiter, *What Got You Here Won't Get You There: How Successful People Become Even More Successful* (New York, NY: Hachette Books, 2007).

2 Etienne Benson, "The Many Faces of Perfectionism," Monitor on Psychology 34, no. 10 (November 2003): 18, https://www.apa.org/monitor/nov03/manyfaces.

3 Brené Brown, *The Gifts of Imperfection: Let Go of Who You Think You're Supposed to Be and Embrace Who You Are* (Center City, MN: Hazelden Publishing, 2010), 7.

4 Brené Brown, "The Power of Vulnerability," filmed June 2010 at TEDxHous-ton, Texas, video, 20:04, https://www.ted.com/talks/brene_brown_the_power_of_vulnerability/transcript?language=en.

5 Jeff Bezos, "Annual Letter to Shareholders," April 6, 2016, US Securities and Exchange Commission, https://www.sec.gov/Archives/edgar/data/1018724/000119312516530910/d168744dex991.htm.

6 Carol Dweck, *Mindset: The New Psychology of Success* (New York, NY: Random House, Kindle Edition, 2007), 20.

7 Thomas Curran and Andrew P. Hill, "Perfectionism Is Increasing over Time: A Meta-Analysis of Birth Cohort Differences from 1989 to 2016," *Psychological Bulletin 145*, no. 4 (2019): 410–429, https://www.apa.org/pubs/journals/releases/bul-bul0000138.pdf.

第四章

1 愛德曼公關公司（Edelman）近期的一項調查顯示，全球多數受訪者相信目前的資本主義型態弊大於利。皮尤研究中心也指出，三分之一的美國人對資本主義持負面看法。當被問及為何認為資本主義有害，受訪者提出的主要原因有二：該體系不公平，以及會造成財富不均。他們認為資本主義具有腐敗與剝削的本質，為人類與環境帶來傷害。雖然戰後嬰兒潮世代依然篤信自由市場，但自二〇一〇年以來，年輕人對資本主義的期待明顯減弱：如今大約只有一半的人對資本主義持正面看法，與社會主義不相上下。請見：Edelman, “Edelman Trust Barometer 2020,” 12, https://cdn2.hubspot.net/hubfs/440941/Trust%20Barometer%202020/2020%20Edelman%20Trust%20Barometer%20Global%20Report.pdf?utm_campaign=Global:%20Trust%20Barometer%20 2020&utm_source=Website; Pew Research Center, “Stark Partisan Divisions in Americans’ Views of ‘Socialism,’ ‘Capitalism,’” FactTank: News in the Numbers, June 25, 2019, https://www.pewresearch.org/fact-tank/2019/06/25/stark-partisan-divisions-in-americans-views-of-socialism-capitalism/; and Lydia Saad, “Socialism as Popular as Capitalism Among Young Adults in the U.S.,” Gallup, November 25, 2019, https://news.gallup.com/poll/268766/socialism-popular-capitalism-among-young-adults.aspx.

2 二〇一六年五月，《時代》雜誌（*Time*）封面報導是「美國資本主義大危機」（American Capitalism’s Great Crisis），文中提到「美國市場資本主義系統已破碎」。二〇一八年，《經濟學人》（*The Economist*）透過「開放未來」（Open Future）系列活動，持續鼓勵全球大眾探討如何修復資本主義的瑕疵。請見：Rana Foroohar, “American Capitalism’s Great Crisis,” *Time*, May 12, 2016, https://time.com/4327419/american-capitalisms-great-crisis/; and https://www.economist.com/open-future.

3 Milton Friedman, “A Friedman Doctrine,” *New York Times*, September 13, 1970, https://www.nytimes.com/1970/09/13/archives/a-friedman-doctrine-the-social-responsibility-of-business-is-to.html.

4 The Business Roundtable, “Statement on Corporate Governance,” Septem-ber 1997, 1, http://www.

ralphgomory.com/wp-content/uploads/2018/05/Business-Roundtable-1997.pdf.

5 Edmund L. Andrews, “Are IPOs Good for Innovation?,” Stanford Graduate School of Business, January 15, 2013, https://www.gsb.stanford.edu/insights/are-ipos-good-innovation.

6 Edelman, “Edelman Trust Barometer 2020.”

7 *BBC News*, “Flight Shame Could Halve Growth in Air Traffic,” October 2, 2019, https://www.bbc.com/news/business-49890057.

8 Larry Fink, “A Fundamental Reshaping of Finance,” 2020 letter to CEOs, BlackRock, https://www.blackrock.com/corporate/investor-relations/larry-fink-ceo-letter.

9 Charlotte Edmond, “These Are the Top Risks Facing the World in 2020,” World Economic Forum, January 15, 2020, https://www.weforum.org/agenda/2020/01/top-global-risks-report-climate-change-cyberattacks-economic-political.

10 Lynn Stout, “‘Maximizing Shareholder Value’ Is an Unnecessary and Unworkable Corporate Objective,” in *Re-Imagining Capitalism: Building a Responsible Long-Term Model*, ed. Barton Dominic, Dezso Horvath, and Matthias Kipping (Oxford, UK: Oxford University Press, 2016), chapter 12.

11 Global Sustainable Investment Alliance, “2018 Global Sustainable Investment Review,” 8. 聯盟認定的「負責任投資」如今在這些區域的專業管理資產中，全球永續投資聯盟（ＧＳＩＡ）認定的「負責任投資」比重愈來愈大，日本有一八%，而澳洲和紐西蘭有六三%。請見：http://www.gsi-alliance.

org/wp-content/uploads/2019/06/GSIR_Review2018F.pdf.

12 二〇一七年六月，金融穩定委員會（Financial Stability Board，是一個負責監管全球金融體系的國際組織）氣候相關財務揭露工作小組（ＴＣＦＤ）建議，銀行、保險、資產管理和資產所有人應在年度文件中公開氣候相關財務資訊。（請見：https://www.fsb-tcfd.org/publications/finalrecommendations-report/）。貝萊德資產管理公司鼓勵各企業執行長採行上述建議，並明白表示：若企業營運與計畫在公開氣候相關資訊上未能取得足夠進展，貝萊德將對其理階層及董事會投反對票。請見：Fink,"*A Fundamental Reshaping of Finance.*"

第五章

1 Lisa Earle McLeod, *Leading with Noble Purpose: How to Create a Tribe of True Believers* (New York, NY: Wiley, 2016).

2 Simon Sinek, "How Great Leaders Inspire Action," filmed September 2009 at TEDxPugetSound, Washington State, September 2009, video, 17:49, https://www.ted.com/talks/simon_sinek_how_great_leaders_inspire_action.

3 Ralph Lauren, "About Us," https://www.ralphlauren.co.uk/en/global/about-us/7113.

4 Johnson & Johnson, "Our Credo," https://www.jnj.com/credo/.

5 Raj Sisodia, Jag Sheth, and David Wolfe, *Firms of Endearment: How World Class Companies Profit*

from Passion and Purpose, 2nd ed. (Upper Saddle River, NJ: Wharton School, 2014), https://www.firmsofendearment.com.

6 Sisodia, Sheth, and Wolfe, *Firms of Endearment*.

7 請見：Cathy Carlisi, Jim Hemerling, Julie Kilmann, Dolly Meese, and Doug Shipman, "Purpose with the Power to Transform Your Organization," Boston Consulting Group, May 15, 2017, https://www.bcg.com/publications/2017/transformation-behavior-culture-purpose-power-transform-organization.aspx.

8 Leslie P. Norton, "These Are the 100 Most Sustainable Companies in America— and They're Beating the Market," *Barron's*, February 7, 2020, https://www.agilent.com/about/newsroom/articles/barrons-100-most-sustainable-companies-2020.pdf.

9 Larry Fink, "A Sense of Purpose," Larry Fink's annual letter to CEOs, 2018, https://www.blackrock.com/corporate/investor-relations/2018-larry-fink-ceo-letter.

10 參與商業圓桌會議執行長所領導的公司，總計雇用超過一千萬名員工，創造超過七兆美元年營業額。https://www.businessroundtable.org/aboutus.

11 Business Roundtable, "Statement on the Purpose of a Corporation," August 19, 2019, https://s3.amazonaws.com/brt.org/BRT-StatementonthePurposeofa CorporationOctober2020.pdf.

12 Business Roundtable, "Statement on the Purpose of a Corporation."

13 Global Justice Now, "69 of the 100 Richest Entities on the Planet Are Corporations, Not Governments,

Figures Show," October 17, 2018, https://www.globaljustice.org.uk/news/2018/oct/17/69-richest-100-entities-planet-are-corporations-not-governments-figures-show.

14 「美國夢還存在，但正逐漸破滅。」摩根大通集團執行長傑米．戴蒙（Jamie Dimon）在商業圓桌會議中表示：「大型企業正逐漸增加對員工和社區的投資，因為他們知道這是獲致長期成功的唯一方法。」先鋒投資集團（Vanguard）執行長比爾．麥克納伯也呼應這種說法：「對於企業目的採取更宏觀、更完整的看法，董事會便能專心創造長期價值，為投資人、員工、社區、供應商和顧客提供更好的服務。」請見：Business Roundtable, "Business Roundtable Redefines the Purpose of a Corporation to Promote 'An Economy that Serves All Americans,'" August 19, 2019, https://www.businessroundtable.org/business-roundtable-redefines-the-purpose-of-a-corporation-to-promote-an-economy-that-serves-all-americans.

第六章

1 Kavita Kumar, "Amazon's Bezos Calls Best Buy's Turnaround 'Remarkable' as Unveils New TV Partnership," *Star Tribune*, April 19, 2018, http://www.startribune.com/best-buy-and-amazon-partner-up-in-exclusive-deal-to-sell-new-tvs/480059943/.

2 Kumar, "Amazon's Bezos."

3 V. Kasturi Rangan, Lisa Chase, and Sohel Karim, "The Truth about CSR," *Harvard Business Review*,

January–February 2015, https://hbr.org/2015/01/the-truth-about-csr.

4 Marc Bain, "There's Reason to Be Skeptical of Fashion's New Landmark Environmental Pact," Quartz, August 24, 2019, https://qz.com/quartzy/1693996/g7-summit-new-fashion-coalition-unveils-sustainability-pact/.

5 Marc Benioff and Monica Langley, *Trailblazer: The Power of Business as the Greatest Platform for Change* (New York, NY: Random House, Kindle Edition, 2019), chapter 2, 26–33.

6 Jim Hemerling, Brad White, Jon Swan, Cara Castellana Kreisman, and J. B. Reid, "For Corporate Purpose to Matter, You've Got to Measure It," Boston Consulting Group, August 16, 2018, https://www.gcg.com/en-us/publications/2018/corporate-purpose-to-measure-it.aspx.

第七章

1 Statista, "Small Appliances," n.d., https://www.statista.com/outlook/16020000/109/small-appliances/united-states.

2 當時我們還不知道由於桑迪颶風，原訂的演講會推遲到十一月十三日舉行。

第八章

1 Richard Schulze, *Becoming the Best: A Journey of Passion, Purpose, and Persever-ance* (New York, NY:

Idea Platform, 2011), 153.

2 RSA Animate, "Drive: The Surprising Truth about What Motivates Us," YouTube, filmed April 1, 2010, video, 10:47, https://www.youtube.com/watch?v=u6XAPnuFjJc&feature=share.

3 Daniel Pink, "The Puzzle of Motivation," *TEDGlobal 2009*, video, 18:36, https://www.ted.com/talks/dan_pink_the_puzzle_of_motivation/transcript?referrer=playlist-why_we_do_the_things_we_do#t-262287.

4 早在一九七〇年代，羅徹斯特大學（University of Rochester）心理學系教授愛德華・德西（Edward Deci）的研究就已證實，績效獎金會破壞工作者的內在動機。

5 Samuel Bowles, "When Economic Incentives Backfire," *Harvard Business Review*, March 2009, https://hbr.org/2009/03/when-economic-incentives-backfire.

第九章

1 Shawn Achor, Andrew Reece, Gabriella Roser Kellerman, and Alexi Robi-chaud, "9 out of 10 People Are Willing to Earn Less Money to Do More-Meaningful Work," *Harvard Business Review*, November 6, 2018, https://hbr.org/2018/11/9-out-of-10-people-are-willing-to-earn-less-money-to-do-more-meaningful-work.

2 Bill George, *Discover Your True North: Becoming an Authentic Leader* (Hoboken, NJ: John Wiley & Sons, 2015).

第十章

1 Dan Buettner, "How to Live to Be 100+," filmed September 2009 at TEDxTC, Minneapolis, MN, video, 19:03, https://www.ted.com/talks/dan_buettner_how_to_live_to_be_100.

2 Charles O'Reilly and Jeffrey Pfeffer, *Hidden Value: How Great Companies Achieve Extraordinary Results with Ordinary People* (Boston, MA: Harvard Business School Press, 2000).

3 Raj Sisodia, Jag Sheth, and David Wolfe, *Firms of Endearment: How World Class Companies Profit from Passion and Purpose*, 2nd ed. (London, UK: Pearson Education, 2014), 68.

4 John Mackey and Raj Sisodia, *Conscious Capitalism: Liberating the Heroic Spirit of Business* (Boston, MA: Harvard Business Review Press, Kindle Edition, 2012), chapter 15.

5 這就是哈佛商學院教授艾美・艾蒙森（Amy Edmonson）所說的「心理安全」（psychological safety）。

6 Drake Baer, "Why Doing Awesome Work Means Making Yourself Vulnerable," *FastCompany*, September 17, 2012, https://www.fastcompany.com/3001319/why-doing-awesome-work-means-making-yourself-vulnerable.

7 Brené Brown, "The Power of Vulnerability," filmed June 2010 at TEDxHouston, TX, video, 12:04, https://www.ted.com/talks/brene_brown_the_power_of_vulnera bility?language=en.

8 Mackey and Sisodia, *Conscious Capitalism*, 227.

9 Dorie Clark, "What's the Line between Authenticity and TMI?," *Forbes*, August 26, 2013, https://www.forbes.com/sites/dorieclark/2013/08/26/whats-the-line-between-authenticity-and-tmi/#12881ca720a9.

10 Marriott International, "A Message from Arne," Twitter, March 20, 2020.

11 McKinsey & Company, "Women Matter, Time to Accelerate: Ten Years of Insights into Gender Diversity," October 2017, 13–15, https://www.mckinsey.com/~/media/McKinsey/Featured%20Insights/Women%20matter/Women%20Matter%20 Ten%20years%20of%20insights%20on%20the%20importance%20of%20gender%20 diversity/Women-Matter-Time-to-accelerate-Ten-years-of-insights-into-gender-diversity.ashx; and Vivian Hunt, Dennis Layton, and Sara Prince, "Why Diversity Matters," McKinsey & Company, January 2015, https://www.mckinsey.com/business-functions/organization/our-insights/why-diversity-matters.

12 同注11。

13 Jen Wieczner, "Meet the Women Who Saved Best Buy," *Fortune*, October 25, 2015, https://fortune.com/2015/10/25/best-buy-turnaround/.

14 Sally Helgesen and Marshall Goldsmith, *How Women Rise: Break the 12 Habits Holding You Back from Your Next Raise, Promotion, or Job* (New York, NY: Hachette Books, 2018).

15 Stephanie J. Creary, Mary-Hunter McDonnell, Sakshi Ghai, and Jared Scruggs, "When and Why Diversity Improves Your Board's Performance," *Harvard Business Review*, March 27, 2019, https://hbr.org/2019/03/

when-and-why-diversity-improves-your-boards-performance.

16 Clare Garvie and Jonathan Frankle, "Facial-Recognition Software Might Have a Racial Bias Problem," *The Atlantic*, April 7, 2016, https://www.theatlantic.com/technology/archive/2016/04/the-underlying-bias-of-facial-recognition-systems/476991/.

第十一章

1 Robert Rosenzweig, "Robert S. McNamara and the Evolution of Modern Management," *Harvard Business Review*, December 2010, https://hbr.org/2010/12/robert-s-mcnamara-and-the-evolution-of-modern-management.

2 Daniel Pink, "Drive: The Surprise Truth about What Motivates Us," *RSA Animate*, April 1, 2010, https://www.youtube.com/watch?v=u6XAPnuFjJc.

3 Robert Karasek, "Job Demands, Job Decision Latitude, and Mental Strain: Implications for Job Redesign," *Administrative Science Quarterly 24*, no. 2 (June 1979): 285–308, https://www.jstor.org/stable/2392498?casa_token=zErCV0xkAv8AAAAA:YpBVSvBEQ5hj7z_EYgfGGX4QUUVJO4LhV_vTcm2lTXPjOuYoQqlzLkzmzvwfd4jL5SlhKnbv6ZejaHhIY_vDHolTkpjZjiN2hQ4Dj9VRX1cYur_6ab9bCA&seq=1#metadata.

4 Amazon, Jeff Bezos's letter to shareholders, April 2017, https://www.sec.gov/Archives/edgar/

data/1018724/000119312517120198/d373368dex991.htm.

5 保羅・赫西（Paul Hersey）和肯・布蘭查德（Ken Blanchard）發展出「情境領導」（situational leadership）模式。請見：Paul Hersey, Kenneth Blanchard, and Dewey Johnson, *Management of Organizational Behavior: Leading Human Resources*, 10th ed. (Upper Saddle River, NJ: Pearson Prentice Hall, 2012).

6 Alex Berenson, “Watch Your Back, Harry Potter: A Wizardly Computer Game, Diablo II, Is a Hot Seller,” New York Times, August 3, 2000, https://www.nytimes.com/2000/08/03/business/watch-your-back-harry-potter-a-wizardly-comuter-game-diablo-ii-is-a-hot-seller.html.

第十二章

1 George Leonard, *Mastery: The Keys to Success and Long-Term Fulfillment* (New York, NY: Penguin Publishing Group, Kindle Edition, 1992), xiii.

2 Neil Hayes, *When the Game Stands Tall, Special Movie Edition: The Story of the De La Salle Spartans and Football's Longest Winning Streak* (Berkeley, CA: North Atlantic Books, 2014).

3 「我們的權利僅限於履行職責所在的行動，而我們的職責則是竭盡所能取得最佳表現。若將注意力集中在行動結果，而不是行動本身時，我們往往會分心，無法全神貫注。對結果的執念令我們緊張，對勝利的渴望會耗盡我們的力量。」出自：Menon Devdas, *Spirituality at Work: The Inspiring*

Message of the Bhagavad Gita (Mumbai, India: Yogi Impressions Books, Kindle Edition, 2016), 103.

4 Robert Sutton and Ben Wigert, "More Harm than Good: The Truth about Performance Reviews," *Gallup*, May 6, 2019, https://www.gallup.com/workplace/249332/harm-good-truth-performance-reviews.aspx.

5 Rosamund Stone Zander and Benjamin Zander, *The Art of Possibility: Transforming Professional and Personal Life* (New York, NY: Penguin), chapter 3.

6 Marcus Buckingham and Ashley Goodall, *Nine Lies about Work: A Freethinking Leader's Guide to the Real World* (Boston, MA: Harvard Business Review Press, Kindle Edition, 2019), 111.

第十三章

1 Chan Kim and Renée Mauborgne, *Blue Ocean Strategy: How to Create Uncon-tested Market Space and Make the Competition Irrelevant* (Boston, MA: Harvard Business School Publishing, 2004).

2 出自詹姆・科林斯（James Collins）和傑瑞・薄樂斯（Jerry Porras）的《基業長青》（*Built to Last*）。

第十四章

1 Emma Seppälä, "What Bosses Gain by Being Vulnerable," *Harvard Business Review*, December 11, 2014, https://hbr.org/2014/12/what-bosses-gain-by-being-vulnerable.

2 Rodolphe Durand and Chang-Wa Huyhn, "Approches du Leadership, Livret de Synthèse," *HEC Paris*, Society and Organizations Institute, n.d.

3 Clayton Christensen, "How Will You Measure Your Life?," *Harvard Business Review*, July–August 2010, https://hbr.org/2010/07/how-will-you-measure-your-life.

4 同注3。克里斯汀生對於人生的看法，可參考：《你要如何衡量你的人生？：哈佛商學院最重要的一堂課》，天下文化出版。

第十五章

1 Clayton Christensen, "How Will You Measure Your Life?," *Harvard Business Review*, July–August 2010, https://hbr.org/2010/07/how-will-you-measure-your-life.

2 Marshall Goldsmith and Scott Osman, *Leadership in a Time of Crisis: The Way Forward in a Changed World* (New York, NY: Rosetta Books, 2020).

結論

1 Hortense le Gentil, *Aligned: Connecting Your True Self with the Leader You're Meant to Be* (Vancouver, BC: Page Two, 2019), 2.

財經企管 BCB767

企業初心

未來企業的新領導準則

The Heart of Business: Leadership Principles for the Next Era of Capitalism

作者 — 修伯特・喬利（Hubert Joly）、
卡蘿蘭・藍柏特（Caroline Lambert）
譯者 — 劉復苓

總編輯 — 吳佩穎
書系副總監 — 蘇鵬元
責任編輯 — Jin Huang（特約）
封面設計 — FE 設計 葉馥儀
內頁排版 — 張靜怡

出版者 — 遠見天下文化出版股份有限公司
創辦人 — 高希均、王力行
遠見・天下文化 事業群董事長 — 高希均
事業群發行人／CEO — 王力行
天下文化社長 — 林天來
天下文化總經理 — 林芳燕
國際事務開發部兼版權中心總監 — 潘欣
法律顧問 — 理律法律事務所陳長文律師
著作權顧問 — 魏啟翔律師
地址 — 台北市 104 松江路 93 巷 1 號 2 樓
讀者服務專線 — (02) 2662-0012 ｜傳真 — (02) 2662-0007；(02) 2662-0009
電子郵件信箱 — cwpc@cwgv.com.tw
直接郵撥帳號 — 1326703-6 號　遠見天下文化出版股份有限公司

製版廠 — 東豪印刷事業有限公司
印刷廠 — 柏皓彩色印刷有限公司
裝訂廠 — 台興印刷裝訂股份有限公司
登記證 — 局版台業字第 2517 號
總經銷 — 大和書報圖書股份有限公司 電話｜ (02) 8990-2588
出版日期 — 2022 年 4 月 29 日第一版第 1 次印行
2023 年 5 月 3 日第一版第 7 次印行

國家圖書館出版品預行編目（CIP）資料

企業初心：未來企業的新領導準則／修伯特・喬利（Hubert Joly）、卡蘿蘭・藍柏特（Caroline Lambert）著；劉復苓譯. -- 第一版. -- 臺北市：遠見天下文化出版股份有限公司, 2022.04
368面；14.8×21公分. --（財經企管；BCB767）
譯自：The Heart of Business: Leadership Principles for the Next Era of Capitalism
ISBN 978-986-525-558-9（平裝）

1. CST：企業領導　2. CST：企業管理
3. CST：商業倫理

494.2　　111004677

Original work copyright © 2021 Hubert Joly
Published by arrangement with Harvard Business Review Press through Bardon-Chinese Media Agency.
Unauthorized duplication or distribution of this work constitutes copyright infringement.
Complex Chinese translation copyright © 2022 by Commonwealth Publishing Co., Ltd., a division of Global Views - Commonwealth Publishing Group.
ALL RIGHTS RESERVED

定價 — 500 元
ISBN — 978-986-525-558-9
EISBN — 9789865255794（EPUB）；9789865255800（PDF）
書號 — BCB767
天下文化官網 — bookzone.cwgv.com.tw

本書如有缺頁、破損、裝訂錯誤，請寄回本公司調換。
本書僅代表作者言論，不代表本社立場。